智能技术基础及应用

ZHINENG JISHU
JICHU JI YINGYONG

康 跃 ◎ 著

首都经济贸易大学出版社

Capital University of Economics and Business Press

·北 京·

图书在版编目(CIP)数据

智能技术基础及应用/康跃著. -- 北京:首都经济贸易
大学出版社,2021.2
ISBN 978-7-5638-3186-9

Ⅰ. ①智… Ⅱ. ①康… Ⅲ. ①智能技术 Ⅳ. ①TP18

中国版本图书馆 CIP 数据核字(2021)第 023095 号

智能技术基础及应用

康 跃 著

责任编辑	胡 兰	
封面设计	砚祥志远·激光照排 TEL:010-65976003	
出版发行	首都经济贸易大学出版社	
地　　址	北京市朝阳区红庙(邮编 100026)	
电　　话	(010)65976483　65065761　65071505(传真)	
网　　址	http://www.sjmcb.com	
E-mail	publish@cueb.edu.cn	
经　　销	全国新华书店	
照　　排	北京砚祥志远激光照排技术有限公司	
印　　刷	北京九州迅驰传媒文化有限公司	
成品尺寸	170 毫米×240 毫米　1/16	
字　　数	251 千字	
印　　张	14.5	
版　　次	2021 年 2 月第 1 版　2021 年 2 月第 1 次印刷	
书　　号	ISBN 978-7-5638-3186-9	
定　　价	39.00 元	

前　言

　　本教材的基本内容是将人工智能领域中的机器学习、数据挖掘等智能技术应用于人文和社科领域。本教材共分为 9 章。

　　第一章讨论了大数据技术的一些基本概念，同时还对计算机语言 Python 进行了简要介绍，它们是学习智能技术的基础。第二章讨论了基于 Python 的计算机爬虫与网页交互的基本原理和爬虫技术的应用。第三章介绍了爬虫框架，为了节约开发成本和避免重复工作，利用爬虫框架可以设计满足应用要求的数据爬虫。第四章介绍了数据存储的相关概念和各种具体的存储方法，主要包括文件格式的数据存储，如纯文本格式、CSV 格式、Excel 格式和基于数据库的存储，包括 MySQL 数据库、Mongo 数据库和 Redis 数据库。第五章讨论了数据挖掘的基本概念。近些年来随着大数据技术的快速发展，数据模型方法也在不断发展，内容非常丰富。传统的数据统计和分析方法正在向数据挖掘模型领域过渡。大数据模型的分析结果为决策者提供了更加丰富的决策依据。这章介绍了贝叶斯决策模型的基本原理，并将这个模型应用到一个信用卡申请数据集上。第六、七章分别介绍了 Python 的数据处理工具——Numpy 库和 Pandas 库。虽然它们都是 Python 的第三方库，但它们在数据分析和数据挖掘领域中具有非常重要的地位。数据挖掘算法中大部分的数据处理是调用 Numpy 库来完成基础数据计算的。这是由于 Numpy 比 Python 语言中的列表更具有优势，其中一个优势就是运算速度。一般来说对大型数组进行运算时，Numpy 库的运算速度比 Python 列表的运算速度快了好几百倍。另一方面，Pandas 又是基于 Numpy 开发出来的第三方库，其特点为数据面板和数据分析二者的集成。它提供灵活的数据结构，并提供一些标准的数据模型，能够高效地操作大型数据集。Pandas 提供了大量能使我们快速高效地处理数据的函数和方法。第八章讨论了如何对数据进行清洗以方便数据挖掘模型的使用。数据需要清洗的原因是在原始数据集中存在数据重复现象、数据缺失情况，或数据存在不一致性。所以数据清洗的目的就是为了删除重复数据，补齐缺失的数据，消除数据的不一致性。这样才能保证数据质量来支撑数据挖掘模型。第九章介绍了数据可视化的概念和实现的技术。通常在进行大数据分析时,往往需要在运行模型之前进行探索性的数据分析,这样方便我们对数据特性的了解。这时最直观的方法是采用数据可视化技术达到解读数据的目的。同样在数据挖掘模型输出结果之后,我们也可以利用可视化技术把最终的结果以各种表格或各种图形呈现出来。

所以,这本教材的基本主线是,首先通过讨论智能爬虫来达到收集数据并根据类型进行处理后再存储到数据文件或数据库中。利用 Numpy 库或 Pandas 库进行数据基本处理后,再利用数据挖掘模型对数据进行训练并获得模型输出的结果,最后利用可视化技术展现结果供决策使用。

我们知道,近些年来,随着各种数据量的快速增长,传统数据处理和分析方法显得比较落后。而在财经和人文学科中,传统数据处理课程仍是主流,我们编写这本教材的主要意图是为工商管理、会计、金融、人力资源和社会保障专业的大专、本科和研究生提供基于大数据下的智能分析工具。通过学习,这些专业的学生将能够掌握如何从网络中获取、存储、分析数据并显现分析结果。比如,金融专业学生可以从网上快速获取股票交易的实时或历史数据来进行分析,会计专业学生可从网上获取上市公司年报数据进行分析。

文科学生害怕计算机编程,在这本书中,我们使用 Python 语言的文本特性来实现数据提取、数据存储、数据分析和数据的可视化应用,目的在于降低文科学生的学习门槛并为解决问题提供详细的方法。本书中的所有 Python 源代码都可用文本格式直接打开,具有非常好的可读性,代码可以在 Python 的人机对话环境中运行,也可以在 Jupyter 或其他环境中运行。

在本教材的写作过程中,笔者获得了首都经济贸易大学管理工程学院量化金融中心教师和研究生的支持,笔者在此对他们表示感谢。本书中的大部分例子和 Python 机器学习算法案例来自中心的研发结果。

目　录

1　智能技术学基础 ·· 1

  1.1　大数据采集技术 ·· 2

  1.2　大数据存储技术 ·· 3

  1.3　大数据分析与挖掘技术 ··· 4

  1.4　大数据可视化技术 ··· 6

  1.5　Python 基础 ··· 7

  习题 ··· 17

2　爬虫技术 ··· 20

  2.1　爬虫的相关知识体系 ·· 21

  2.2　Python Requests 库的使用 ·· 29

  2.3　正则表达式的使用 ··· 33

  2.4　XML 和 HTML 文件的解析 ·· 37

  2.5　爬虫例子 ··· 44

  2.6　爬虫存取文件介绍 ··· 45

  习题 ··· 49

3　爬虫框架 ··· 52

  3.1　Scrapy 框架与 Spider 类 ·· 53

  3.2　Scrapy 框架与 CrawlSpider 类 ·· 63

  习题 ··· 69

4　大数据存储技术 ··· 71

  4.1　数据存取基本文件 ··· 72

  4.2　PyMySQL 基本功能和使用操作 ··· 81

4. 3 PyMongoDB 基本功能和使用操作 ……………………………… 85

4. 4 Redis-py 基本功能和使用操作 …………………………………… 89

习题 ………………………………………………………………………… 101

5 大数据分析与挖掘 …………………………………………………… 106

5. 1 数据分析 ………………………………………………………… 107

5. 2 贝叶斯分类决策 ………………………………………………… 107

5. 3 贝叶斯决策的 Python 库 ……………………………………… 113

5. 4 数据标准化 ……………………………………………………… 115

5. 5 案例分析 ………………………………………………………… 120

习题 ………………………………………………………………………… 125

6 Python 数据分析工具——Numpy 框架 ……………………… 129

6. 1 Numpy 简介 …………………………………………………… 130

6. 2 Numpy 框架的使用 …………………………………………… 130

6. 3 Numpy 的通用函数操作 ……………………………………… 132

习题 ………………………………………………………………………… 144

7 Python 数据挖掘工具——Pandas ……………………………… 147

7. 1 Pandas 简介 …………………………………………………… 148

7. 2 Pandas 基本数据结构 ………………………………………… 148

7. 3 Pandas 基本功能介绍 ………………………………………… 156

7. 4 Pandas 的数据分类 …………………………………………… 163

7. 5 数据分组 groupby 的应用 …………………………………… 165

习题 ………………………………………………………………………… 167

8 数据清洗和预处理 …………………………………………………… 170

8. 1 数据编码问题 …………………………………………………… 171

8. 2 数据的清洗 ……………………………………………………… 173

8. 3 数据类型转换操作 ……………………………………………… 178

8. 4 字符串的操作 …………………………………………………… 180

8. 5 时序数据处理 …………………………………………………… 186

练习 ………………………………………………………………………… 192

9　数据可视化 ·· 195

　9.1　Python 可视化库介绍 ································· 196

　9.2　Python 的可视化模块 Tkinter ················· 197

　9.3　Matplotlib 绘图库 ································· 207

　9.4　Tkinter 与 Matplotlib 的集成 ················· 214

　习题 ·· 218

1 智能技术学基础

本章提要

1. 本章对本教材的内容进行了介绍，基本内容是从数据的采集技术开始，到数据存储技术，然后到数据挖掘技术以及支持数据分析和挖掘的 Python 框架，再到数据的可视化技术。我们还介绍了 Python 的安装和基本语法。

2. 数据的采集从传统采集方式发展到基于大数据技术的采集方式。理解两者之间的区别，传统数据结构可以用关系型数据库来表示，而大数据的特点在于数据采集的来源广泛，需要采用分布式数据库对数据进行处理。大数据数据结构既包括结构化数据，也包括半结构化数据和非结构化数据。

3. 理解大数据的存储与传统结构化数据存储之间的基本区别和数据库从结构化的 SQL 到非结构化的 NoSQL 的发展。

4. 熟悉数据分析和数据挖掘的基本概念，理解较小的数据集分析的统计工具和大数据集的数据挖掘。

5. 大数据挖掘需要首先处理原始数据，Numpy 框架和 Pandas 库是进行数据清洗、补缺、变量转换等最有效的工具。

6. 可视化技术是分析数据集和分析挖掘结果的工具，Matplotlib 绘图库能够设计并画出各种简单和复杂的图形。

7. 了解 Python 环境，并掌握 Python 的基本语法，包括变量和函数的定义、基本数据结构和运算，及控制程序的方法。

本书的主要目标是帮助经济学、金融学、会计学及商科学生学习和应用大数据技术，了解智能技术在收集数据、存储数据、分析和挖掘数据、呈现数据等方面的工作原理。所有这些技术都是以 Python 实现的，本书大概有 100 多个 Python 程序，都可以脚本方式直接运行从而大大降低了学生学习 Python 编程的难度。

1.1　大数据采集技术

从数据科学的发展历史来看,传统数据采集来源相对比较单一,且数据的存储、管理和分析体量也相对较小,大多采用关系型数据库和数据仓库进行数据处理和挖掘。常见的关系型数据库的代表有 MySQL 和 Oracle 等。关系型数据通常都具有自己的系统定义格式,采用 SQL 语句查询,支持数据索引和更新,但只能存储一些少量的业务数据。由于关系型数据库属于并行技术,追求高度一致性和容错性,因此从理论上来说,很难保证其可用性和扩展性。

大数据的特点在于数据采集的来源广泛,信息量巨大,需要采用分布式数据库对数据进行处理。数据类型也相当丰富,既包括结构化数据,也包括半结构化数据和非结构化数据。

我们先来分析大数据的互联网来源,将传统数据体系中没有考虑过的新数据源进行归纳与分类,可将其分为线上行为数据与内容数据两大类。线上行为数据通常来源于页面数据、交互数据、表单数据、会话数据等。内容数据一般为应用日志、电子文档、机器数据、语音数据、社交媒体数据等。

网络数据采集的方法是通过网络爬虫或网站公开 API 等方式从网站上获取数据信息。该方法可以将非结构化数据从网页中抽取出来,将其存储为统一的本地数据文件,并以结构化的方式存储。它支持图片、音频、视频等文件或附件的采集,附件与正文可以自动关联。

在第二章中,我们将介绍爬虫的工作原理以及如何设计一个爬虫来从网站上获取数据信息。所谓网络爬虫,是一种按照一定的规则,自动地抓取互联网信息的计算机程序或者脚本。爬虫本身并不神秘,在日常生活中我们经常接触各种各样的爬虫,最常见的爬虫就是我们经常使用的搜索引擎,只要你输入一些关键字或者问题,搜索引擎将从所有可能的网页上进行答案的采集。我们也将这类爬虫统称为通用型爬虫,其特点是它可以对所有的网页进行无条件的数据采集。通用型爬虫具体工作原理见图 1.1。

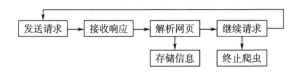

图 1.1　通用型爬虫工作原理

给予爬虫初始 URL,爬虫将网页中所需要提取的资源进行提取并保存,同时提取出网页中存在的到其他网页的链接,经过发送请求,接收网站响应以及再次解析页面,提取所需资源并保存。当满足终止条件(通常是无 URL),爬虫将停止工作。虽然爬虫的实现过程并不复杂,但是在实际采集信息时需要对 IP 地址和报头进行处理,以免 IP 被禁。如果发生 IP 被禁封,也就意味着整个采集任务的失败。当然为了满足更多需求,多线程爬虫、主题爬虫也应运而生。多线程爬虫是通过多个线程,同时执行采集任务,一般而言有几个线程,采集数据就会提升几倍。主题爬虫和通用型爬虫相反,通过一定的策略将与采集主题或采集任务无关的网页进行过滤,仅仅留下需要的数据。这样可以使我们大幅度减少对无关数据的处理从而提高爬虫的效率。

在第三章中我们将讨论爬虫框架的基本概念,并通过爬虫框架来快速设计一个我们需要的爬虫。我们将看到爬虫框架是很强大的,可以满足简单的页面爬取。利用这个框架我们可以轻松爬下各类购物网站的商品信息。当然,对于有些复杂的页面,这个框架可能很难满足爬取需求。

与第二章的手写爬虫相比较,我们会发现爬虫框架会让我们节省大量的编程时间,真正做到事半功倍。一般来说,爬虫框架中的各种参数都已经设置好,我们只需要改动一些参数,就能够完成爬虫的主要功能。

具体来说,Scrapy 框架就是一个为了爬取网页数据,提取结构性数据而编写的应用爬虫框架。最初设计该框架的主要目的是为了页面抓取,但经过许多程序员的不断努力,目前它已可以应用在包括数据挖掘、信息处理或存储历史数据等一系列的应用程序中。

1.2 大数据存储技术

我们知道大数据的特点是拥有大量的数据。如果我们将大量数据结合复杂数学模型和强大计算能力,就能创造出超出人类预想的结果。大数据分析提供给商业的价值是无形的,并且每天都在超越人类的想象力。

大数据分析的第一步是收集数据本身,今天大部分的企业处理着 GB 级的数据,这些数据可能是用户数据、产品数据或地理位置数据。在对这些数据进行分析和挖掘之前,需要将它们存储起来。在第四章中,我们将会介绍如何用 Python 进行大数据的存储。

通常 Excel 文件存储数万条数据是没有问题的,一旦数据量变得非常大,它就会力不从心了。CSV 文件通常以纯文本的方式存储数据表。Python 提供了大量的库,可以对 CSV 进行各种操作,包括数据的写入,这里面又可以分为结构化数据的写入、一维列表数据的写入和二维列表数据的写入,同时还提供 CSV 数据的读取。

它是以一种简单明了的方式存储数据和共享数据的文件。

我们将在第二章讨论 Text 文件和 CSV 文件的存储格式,及如何利用 Python 对它们进行读取和写入。另外从 CSV 文件转换到 Excel 文件也非常方便,这样我们就可以直接用 Excel 的图表对数据进行分析。

在第四章中我们将讨论 JSON,它是一种轻量级的数据交换格式。采用完全独立于编程语言的文本格式来存储和表示数据。层次结构简洁而清晰,易于人们阅读和编写,同时也易于机器解析和生成,并有效地提升网络传输效率。因为 JSON 的内容结构近似于 Python 中的字典和列表,所以操作起来特别方便。

由于数据库能够很好地解决大数据的存储和调用问题,在第四章中,我们将会讨论利用 Python 的数据库接口对结构化数据库 MySQL、半结构化数据库 MongoDB,及非结构化数据库 Redis 进行数据存储、调用和计算。

MySQL 数据库作为最经典的数据库工具,能够存储与管理海量数据,并且使数据的提取效率大大提升。我们利用 Python 能够实现下述操作:

(1)提取特定情况下的数据。

(2)对数据库进行增、删、改、查。

(3)对数据进行分组聚合,并建立多个表之间的关系。

MongoDB 数据库是目前最流行的非结构化 NoSQL 数据库之一,使用的数据类型类似 JSON,具有不在乎数据结构的优点,包括:

(1)文档模型可直接映射到应用程序代码中的对象,使数据易于使用。

(2)当需要查询、索引和实时聚合时,提供了访问和分析数据的强大方法。

(3)它是一个分布式数据库,因此内置了高可用性、水平扩展和地理分布,并且易于使用。

Redis 数据库的存储基于键值,它支持存储的值类型相对较多,包括字符串、列表、集合、有序集合和哈希类型。优点是存取方便、速度快,需要注意的是取出的数据是二进制数据,一般需要转为字符串再操作。Redis 数据库具有以下特点:

(1)性能极高,它能读的速度是 110 000 次/秒,写的速度是 81 000 次/秒。

(2)数据类型丰富。

(3)支持数据的备份,支持数据的持久化,可以将内存中的数据保存在磁盘中,重启的时候可以再次进行加载。

1.3 大数据分析与挖掘技术

Python 在大数据行业中的应用是通过提供机器学习算法或数据挖掘算法包来完

成的。传统的数据分析对已知的、有限范围的数据集进行统计,然后提取出一些有价值的信息,比如统计数据的均值、标准差等。而数据挖掘算法,是指对大数据集进行分析与挖掘,得到一些未知的、有价值的数据之间存在的规律,比如,我们可以通过对一个购物网站的用户和用户点击行为挖掘出潜在用户的需求,从而对网站进行优化。

传统的数据分析与数据挖掘算法是不可分割的,数据挖掘技术是对数据分析方法的提升。数据挖掘技术可以帮助我们更好地发现数据之间的规律,所以可以利用数据挖掘技术帮助我们更好地发现事物之间的规律。比如发掘用户潜在需求规律,就能实现信息的个性化推送;或者,发现某种疾病与疾病呈现状态甚至疾病与某种药物之间的规律,从而为我们找到好的治疗方案。

在第五章我们讨论了数据挖掘算法中著名的贝叶斯分类算法的基本原理。Python 的机器学习库 sklearn 中包括了众多数据挖掘算法,其中的贝叶斯算法为 GaussianNB,我们利用它对一个信用卡申请数据集进行挖掘并找到模型参数来预测未来申请结果。

在整个数据处理流程中,我们对数据集中的缺失数据进行补缺处理,对分类特征变量进行标签编码和独热编码,并随机划分数据集,产生一个训练集和一个测试集,最后对它们进行标准化的处理。我们将会发现这些处理的过程是相对耗时耗力的,为此,在第六章中我们讨论 Python 数据分析工具的 Numpy 框架。

实际上,机器学习算法中大部分的数据处理都是调用 Numpy 库来完成基础数值计算的。特别是在数据的特征变量维度过大的情况下,如何进行降维操作和缺失值处理等,都是数据预处理要解决的问题。由于收集到的数据中包含许多不完整或不一致的数据,数据挖掘算法要求对这些数据对象进行预处理。

Numpy 的优点之一是完成同样对数组元素相加的操作,Numpy 比 Python 的列表操作快了 11 倍之多。它在处理较大数据量时,处理效率明显快于 Python,并且内置的向量化运算和广播机制,使得使用 Numpy 更加简洁,因此代码的可读性大大增强。

Python 语言本身没有提供数组运算功能。虽然列表可以完成基本的数组功能,但它不是真正的数组,而且在数据量较大时,使用列表的速度就会慢得让人难以接受。为此,Numpy 提供了真正的数组功能和对数据进行快速处理的函数。Numpy 还是很多更高级的扩展库的依赖库,第七章介绍的 Pandas 库,第九章介绍的 Matplotlib 库都依赖于它。

在第七章中,我们介绍了 Python 数据分析工具的 Pandas 库,它是基于 Numpy 的一种数据分析工具,在进行数据分析与挖掘之前,我们首先需要对数据进行清洗和编辑等工作,利用 Pandas 库可以大大简化我们的工作,熟练并掌握 Pandas 常规用法是正确开展数据分析与挖掘的第一步。

虽然 Pandas 是一个开源的 Python 数据分析库,但它具有强大的数据分析功能,这不仅体现在其数据分析功能的完整性上,更体现在其对大数据运算的速度上,它可以将几百个 MB 数据以高效的向量化格式加载到内存,可在较短时间内完成大约 1 亿次浮点计算。

Pandas 的两种重要数据结构——Series 和 DataFrame,这两种数据结构也是建立在 Numpy 基础上的。其中,Series 与 Numpy 中的一维数组相类似,也与 Python 数据结构列表很相近。同时,Pandas 还纳入了大量数据处理库和一些标准的数据模型,提供了高效地操作大型数据集所需的工具。Pandas 还提供了大量的能使我们快速便捷地处理数据的函数和方法。

Pandas 库与 Numpy 库的主要区别在于 Pandas 库主要用于数据分析,Numpy 库主要用于处理数据。Pandas 工具是为了解决数据分析任务而创建的。我们将会发现,它是使 Python 成为强大而高效的数据分析环境的重要工具之一。

在数据量为几百个 MB 的情况下,用 Pandas 进行处理是一个非常明智的解决方案。在数据库方面,Pandas 能够轻松完成 SQL 和 NoSQL 等数据库中的对数据库的查找或表连接等功能,对于大量数据,只需耐心花些时间完成上传数据工作,其后的数据处理速度完全不亚于数据库的处理速度,而且能够实现更高的灵活性。

很多时候我们拿到的数据是不干净的,数据有重复、缺失、异常值等,这时候就需要进行数据的清洗,把这些影响分析的数据处理好,才能获得更加精确的分析结果。在第八章中,我们介绍了大数据分析中数据清洗和预处理的方法,这是使用 Pandas 框架完成对数据预处理的先决条件。

为了利用 Pandas 进行数据预处理,应对一般的数据清洗需要掌握 Pandas 的一维 Series 数组结构及使用索引和数据值。为此,我们需能够运用数组对象的主要属性和函数,能够用三种不同方式创建数组,能对数组元素进行删除、修改和添加。

我们还需要处理数据集中存在的重复数据,能够使用 Pandas 的相关函数来标记重复数据,并能够通过函数来删除重复数据;能够使用 Pandas 处理数据集中的缺失数据;删除缺失数据对应的行和列,及填充缺失数据;能够使用 Pandas 实现异常数据的检测,以及对异常数据的处理。

最后我们还需要掌握日期和时间的数据类型的基本概念,能够使用日期范围函数产生日期序列,并通过这个序列生成时间序列数据,并能够对时间序列数据进行索引、切片和过滤。

1.4　大数据可视化技术

如果我们想要用 Python 进行数据分析和挖掘,就需要在初期开始对数据集进行探索性的数据研究,这样能使我们对数据有一定的了解。其中最直观的方法就是采用数据可视化技术,这样数据不仅一目了然,而且更容易被解读。同样道理,在数据挖掘得到结果之后,我们还需要用到可视化技术,把最终的数据之间的规律呈现出来。可视化绘图工具 Matplotlib 库也是基于 Numpy 框架的,我们能够通过 Matplotlib 库设计并画出各种简单和复杂的图形,包括柱状图、折线图、散点图、饼图和直方图等。

那么,这些可视化视图的作用是什么? 按照数据之间的关系,我们可以用折线图来比较数据间各类别的关系,或者它们随着时间的变化趋势。利用散点图,我们可以查看两个或两个以上变量之间的关系或联系。利用饼图,我们可以研究数据的构成,研究各个部分占整体的百分比,或者随着时间的百分比变化。通过直方图,我们可以观察数据的分布情况,关注单个变量或者多个变量的分布情况。

另一方面,按照变量的个数,我们可以把可视化视图划分为单变量分析和多变量分析。单变量分析指的是一次只关注一个变量。多变量分析可以让你在一张图上查看两个以上变量的关系。

在第九章,我们将会看到在 Python 中,数据的可视化通常通过第三方库来实现,Matplotlib 库是应用最广泛和最受欢迎的绘图库。我们还讨论 Python 默认自带的图像用户界面(GUI)Tkinter 库,通过它我们可以快速地创建图形界面的桌面应用程序。

我们还探讨运用 Tkinter 库和 Matplotlib 库相结合的框架进行桌面应用程序的设计和开发,并能够使用 Matplotlib 库的 Figure 类在由 Tkinter 生成的图像用户界面上绘制各种图形。

1.5 Python 基础

智能技术就是通过计算机程序来实现数据的获取、分析和展现。在本教材中,我们将使用 Python 作为编程语言来进行数据的收集、存储,数据处理,数据挖掘和可视化。选择 Python 的原因有很多,我们选择一些重点进行解释。

(1)Python 是一种解释型计算机程序设计语言,使用过程中没有编译这个环节,属于脚本语言,具有易读和易维护的特点。

(2)Python 也是交互式语言,我们可以在一个 Python 的提示符>>>下直接执行代码。

(3)Python 同时也是一门面向对象的语言,支持面向对象的风格或代码封装的编程语言。

（4）Python 是初学者的语言，是一种功能强大的语言，它支持广泛的应用程序开发，从文字表格处理到模拟浏览器，再到数据分析。

1.5.1　Python 安装

由于本书中的所有 Python 程序都是在 Python 3.6 环境下运行的，接下来我们将介绍在 Windows 环境下 Python 的安装步骤。我们将采用 Anaconda 作为 Python 的包管理器和环境管理器。我们可以把 Anaconda 理解为一个 Python 的捆绑包，包含了 Python、conda 等 180 多个科学包及其依赖项。

Anaconda 对于 Python 初学者而言是非常方便的，相比单独安装 Python 环境，选择 Anaconda 可以为我们省去很多麻烦，Anaconda 里已经捆绑了许多常用的功能包，如果单独安装包，则需要一条一条自行安装，在 Anaconda 中则不需要考虑自行安装其他包，同时 Anaconda 还附带捆绑了两个交互式代码编辑器 Spyder 和 Jupyter notebook。

我们可以到 Anaconda 的官方网站下载 Anaconda。具体的安装过程大家可以自己实践。安装完成后，我们就能够看到在开始菜单中多出一个快捷方式，也就是 Anaconda 下的 4 个子程序，其中 Anaconda Prompt 就是我们的 CMD 界面，打开界面之后，我们就能够运行 Python 程序了。下面的例子是第一个 Python 程序。

例 1.1　在这个例子中 Python 程序名为 ch1example1. py，内容为两个打印语句：

```
print(" ------------这门课的名称------------")
print("智能技术基础及应用")
```

假设 ch1example1. py 存放的目录为 c：\kangy，我们在 CMD 界面的提示符下运行：

```
python c：\kangy\ch1example1. py
```

1.5.2　Python 基础概述

接下来我们介绍 Python 的基础语法、数据结构、语句的控制流程、变量的命名与赋值、输入输出的实现，及自定义函数的方法和使用。

1.5.2.1　标识符的命名规则

标识符是程序设计人员在程序中自定义的一些符号和名称，如变量名、函数名、类名和模板名等。在 Python 里，标识符由英文字母、数字和下划线组成。标识符是区分大小写的，但不能以数字开头。

1.5.2.2　保留字

保留字是 Python 语言中一些已经被赋予特定意义的单词，这就要求程序开发者在设计程序时,不能用这些保留字作为标识符给变量、函数、类、模板以及其他对象命名。我们不需要背这些保留字,可以通过执行 Python 命令来进行查找。

1.5.2.3　缩进规则

使用缩进来表示代码块,同一个代码块的语句必须包含相同的缩进空格数。注意,Python 中实现对代码的缩进,可以使用空格键或者 Tab 键实现。但无论是手动敲空格键,还是使用 Tab 键,通常情况下都是采用 4 个空格长度作为 1 个缩进量,也就是一个 Tab 键表示 4 个空格。

1.5.2.4　一行多条语句

在 Python 中,同一行中使用多条语句是可以的,但语句之间需要使用分号";"进行分割。

1.5.2.5　引号的使用

Python 可以使用单引号(')、双引号(")和三引号(''')来表示字符串,引号的开始与结束必须是相同类型的。其中三引号通常用于大段、大篇幅的字符串,是编写多行文本的快捷语法,处理跨多行、换行符、制表符,常用于文档字符串。

1.5.2.6　注释行

在任何代码行前面加上#符号就可以把它变成一个注释,所以 Python 中单行注释用#开头。Python 的多行注释使用三个单引号或三个双引号。

例1.2　在这个例子中,我们给出了保留字的查找、缩进规则的使用、三引号的使用和注释行的使用。Python 程序名为 ch1example2. py,其代码如下:

```
import keyword
print(" ------------python 的保留字-------------")
print( keyword. kwlist)
print(" ------------python 行缩进-------------")
if True:
    print(" 智能技术课程")
else:
    print(" 其他课程")
print(" ------------同一行多语句-------------")
print(' 智能技术') ;print(' 课程')
print(" ------------三引号的使用-------------")
c=""" 你在做什么?
正在学习 python,那么你在做什么?
    我也在学习 python!"""
```

```
print( c )
print( " ------------注释的使用------------" )
#单行注释
""" 这是一个包括多行的注释,
使用了三重引号字符串。
这并不是真正的注释,但是
相当于注释"""
```

1.5.2.7　变量

变量命名规则遵守标识符的命名规则,只能是字母、数字或下划线的任意组合,区分大小写,但不能以数字开头,不能与关键字重名。

在 Python 中,每个变量在使用之前都必须赋值,变量只有在赋值之后才会被创建。使用等号"="可以给变量赋值。等号"="左边是变量名,等号"="右边是变量的值。使用 Python 变量时,只要知道变量的名字即可。

1.5.2.8　数据类型

Python 本身是有数据类型的,它的数据类型大类可以分为数字型变量和非数字型变量。数字型变量包括:

(1)整型:int,整数运算结果仍然是整数;长整型:long,长整数运算结果仍然是长整数。

(2)浮点型:float,浮点数运算结果仍然是浮点数。

(3)复数型:complex,主要用于科学计算。

(4)布尔型:bool,布尔类型中用 True 和 False 表示真和假。

注意,整数和浮点数混合运算的结果是浮点数。

我们再来看非数字型数据类型,包括:

(1)字符串:String,可以使用单引号('),或双引号("),或三引号(''')来表示字符串。

(2)列表:List,用"[ ]"标识,列表是一种有序的集合,它支持字符、数字、字符串,甚至可以嵌套列表,还可以随时添加和删除其中的元素。

(3)元组:Tuple,元组用"( )"标识,内部元素用逗号隔开。元组一旦初始化就不能修改,访问需通过下标。

(4)字典:Dictionary,用"{ }"标识,字典的每个键值都用冒号":"分割,每个键值对之间用逗号分隔。字典是无序的对象集合。字典当中的元素是通过键来存取的,字典由索引(key)和它对应的值 value 组成。

在许多情况下,我们需要对数据类型进行转换。数据类型的转换,我们只需要将数据类型作为函数名即可。

例 1.3 在这个例子中,我们给出了变量的赋值、各种数据类型的定义及数据类型之间的转换。Python 程序名为 ch1example3. py,其代码如下:

```
import keyword
print(" ------------变量的赋值------------")
pi=3. 1415926
url=" http://www. cueb. edu. cn/"
y=True
print(" ------------python 的数据类型------------")
i=10;l=81928361;f=11. 33;c=3. 16j;a=True
print('我是一个整数:',i)
print('我是一个长整数:',l)
print(" 我是一个浮点数:",f)
print(" 我是一个复数:",c)
print(" 我是一个布尔数:",a)
s=" \t 我是一个字符串,忽略了\转义字符   \n"
print(s)
li=['张三',1000,True];tu=('经济学院','信息学院','教育学院')
print('我是一个列表:',li)
print('我是一个元组:',tu)
dict={'张三':'1. 85','李五':'1. 81','王六':'1. 88'}
print('我是一个字典:',tu)
print(" ------------数据类型的转换------------")
print('整数 i 被转换为浮点数:',float(i))
print('字符串 s 被转换为列表:',list(s))
```

1.5.2.9　输入输出

Python 使用标准函数 input( )输入一个数据,返回字符串类型。使用 eval( )函数能够接受多个数据输入,数据之间的间隔符必须用逗号。

Python 的基本输出函数为 print( )。它有着非常灵活的使用方法,在引号内加入指定字符串,即可输出指定内容。实际上,无论什么类型,数值、布尔、列表、字典等都可以使用 print 直接输出。

函数 print( )的格式化输出则需要格式化符号格式,比如,输出整数时,八进制用%o,十进制用%d。输出浮点数时,格式化符号%f 表示保留小数点后面六位有效数字。格式化符号%s 表示字符串输出。

例 1.4 在这个例子中,我们讨论利用 input( )函数从键盘输入数据,利用 print( )函数向屏幕直接输出和格式化输出数据。Python 程序名为 ch1example4. py,

其代码如下：

```
import keyword
print("------------数据的输入------------")
input('请输入用户名:\n')
a,b,c=eval(input('请输入数值:\n'))
print(a,b,c)
print("------------直接输出------------")
print("你在学习","智能技术吗?")
x=("苹果","香蕉","橙子")
print('打印元组:',x)
print("------------格式化输出------------")
print('将整数30以八进制输出:',' %o' %30)
print('将整数30以八进制输出:',' %d' %30)
print('将整数30以八进制输出:',' %x' %30)
print('默认保留6位小数:',' %f' %22.3333333)
print('默认保留1位小数:',' %.1f' %22.333)
print('默认6位有效数字:',' %g' %2222.2222)
print('字符串输出:\n',' %s' %'智能技术')
print('右对齐,取15位:\n',' %15s' %'智能技术')
print('左对齐,取25位:\n',' %-25s' %'智能技术')
print('取2位:\n',' %.2s' %'智能技术')
```

1.5.2.10　运算

Python 语言支持的运算符有算术运算符、比较运算符、赋值运算符、逻辑运算符和成员运算符。接下来我们对它们进行分别介绍。

（1）算术运算符。

加法运算：	+
减法运算：	−
乘法运算：	*
幂运算：	**
除法运算：	/
整除：	//
取余：	%

（2）比较运算符。

小于：	<
小于等于：	<=

等于：　　　　　　＝＝

大于：　　　　　　＞

大于等于：　　　　＞＝

不等于：　　　　　！＝

运算结果返回布尔值 True/False。

(3)赋值运算符。

简单的赋值：　　　＝

加法赋值运算：　　＋＝

减法赋值运算：　　－＝

乘法赋值运算：　　＊＝

除法赋值运算：　　/＝

取余法赋值运算：　％＝

幂赋值运算：　　　＊＊＝

取整除赋值运算：　//＝

(4)逻辑运算符。

与运算：　　　　　and

或运算：　　　　　or

非运算：　　　　　not

(5)成员运算符。

如果指定元素在序列中：in 返回 True,否则返回 False。

如果指定元素不在序列中：not in 返回 True,否则返回 False。

例1.5　在这个例子中,我们讨论算术运算、比较运算、赋值运算、逻辑运算和成员运算的例子。Python 程序名为 ch1example5.py,其代码如下:

```python
import keyword
print(" ------------算术运算------------")
a=16;b=5;c=0
print("a 加 b 等于:",a+b)
print("a 的 b 次方等于:",a**b)
print("a 用 b 整除等于:",a//b)
print(" ------------比较运算------------")
print("a 小于 b 吗?:",a<b)
print("a 等于 b 吗?:",a==b)
print("a 不等于 b 吗?:",a!=b)
print(" ------------赋值运算------------")
```

```
a-=b;print("减赋值 a-b=",a)
a*=b;print("乘赋值 a*b=",a)
a%=b;print("取余数赋值 a%b=",a)
print("-----------逻辑运算-----------")
print("a 小于 b 并且大于 b 吗?:",a<b and a>b)
print("a 小于 b 或者 a 等于 b 吗?:",a<b or a==b)
print("a 小于 b 的非是什么?:",not a<b)
print("-----------成员运算-----------")
print('基础' in' 智能技术基础及应用')
print('大学' in' 智能技术基础及应用')
```

1.5.2.11 控制语句

一般情况下 Python 程序是按顺序执行的,但是 Python 语言也提供了各种控制结构,允许复杂的执行路线。而循环语句允许程序多次执行一个语句。

(1)if 语句。条件语句 if 运行原理就是给出条件,决定下一步路线,如果条件为 True,就执行决策条件代码块的内容,如果条件为 False 就退出。判断条件可以是一条或多条语句的执行结果,任何非零或非空的值均为 True,需要注意数字 0、空对象和 None 均为 False。执行代码块可以是单个语句或语句块。if 语句基本构成如下:

```
if 条件:
    if 的语句块
else:
    else 的语句块
```

(2)for 语句。for 循环可以遍历任何序列的项目,它常用于遍历字符串、列表、元组、字典、集合等序列类型,逐个获取序列中的各个元素。for 语句的格式如下:

```
for 迭代变量 in 字符串|列表|元组|字典|集合:
代码块
```

上述格式中,迭代变量用于存放从序列类型变量中读取出来的元素,所以一般不会在循环中对迭代变量进行手动赋值,代码块指的是具有相同缩进格式的多行代码。

break 语句用来终止循环语句,即循环还没被完全递归完;也会停止执行循环语句,break 跳出整个循环。continue 语句用于跳过当前循环的剩余语句,然后继续进行下一轮循环。

(3)while 语句。while 循环在条件表达式为真(True)的情况下,会执行相应的代码块。只要条件为真,while 就会一直重复执行那段代码块。while 语句的语法格式如下:

while 条件表达式：
　　代码块

这里的代码块指的是缩进格式相同的多行代码,又称为循环体。

　　while 语句执行的流程为,首先判断条件表达式的值,其值为真(True)时,则执行代码块中的语句,当执行完毕后,再回过头来重新判断条件表达式的值是否为真,若仍为真,则继续重新执行代码块,直到条件表达式的值为假(False),才终止循环。

　　例1.6　在这个例子中,我们讨论算术运算、比较运算、赋值运算、逻辑运算和成员运算的例子。Python 程序名为 ch1example6. py,其代码如下：

```python
print("-------------IF 条件语句-------------")
A=50
if A<100 and A>10：
    print("A 位于 10 和 100 之间")
else：
    print("a 位于 10 和 100 之外")
print("-------------for 循环-------------")
l=[1,2,3,4,5]
for e in l：
    if e==3：
        break
    print('打印列表元素值 e=',e)
for e in l：
    if e==3：
        continue
    print('打印列表元素值 e=',e)
print("-------------while 循环-------------")
num=1
while num<10：
    print("打印数值",num)
    num +=1
print("循环结束了",num)
```

1.5.2.12　函数

　　函数是由组织好的,有独立功能的代码块组成的小模块,可重复使用,用来实现单一或相关联功能的代码段。函数能提高应用的模块化和代码的重复利用率。我们已经知道 Python 提供了许多自己的函数,比如 input( )和 print( )。我们也可以自己创建函数,我们称自己创建的函数为用户自定义函数。

Python 定义函数使用 def 关键字,一般格式如下:

def 函数名(参数列表):
　　函数体

函数名称的命名应该符合标识符的命名规则,可由字母、下划线和数字组成,但不能以数字开头,不能与关键字重名。

我们调用函数是通过参数传递来实现的,小括号中的参数是把数据传递到函数内部用的。

函数的返回值是当一个函数执行结束后,告诉调用者一个结果,以便调用者针对具体的结果做出后续的处理。在函数中使用 return 关键字可以返回结果,调用函数一方,可以使用变量来接收函数的返回结果。

例 1.7　在这个例子中,我们分别定义了面积计算函数、字符串长度计算函数和阶乘计算函数,以及如何调用这些函数。Python 程序名为 ch1example7. py,其代码如下:

```python
print(" -------------自定义函数-------------")
def area(width,height):
    return width * height
def calc_len(s):
    length=0
    for i in s:
        length=length+1
    return length
def fact(n):
    if n==0:
        return 1
    else:
        return n * fact(n-1)
print(" -------------自定义函数的调用-------------")
w=18;h=29;s1=' 智能技术课程的注册';n=6
a=area(w,h)
print(" 调用面积函数:",a)
slen=calc_len(s1)
print(" 调用计算字符串长度函数:",slen)
f=fact(n)
print(" 调用计算阶乘函数:",f)
```

习题

1. 根据 Python 的基础语法,完成下面的选择题,注意只有一个答案是正确的。

(1)变量的命名(　　)。

A. 可以使用保留字

B. 只能都是字母

C. 只能是字母和数字

D. 不能以数字开头

(2)变量(　　)。

A. 使用前可以不赋值

B. 用等号给变量赋值

C. 等号右边是变量名

D. 等号左边是存储在变量中的值

(3)变量的数据类型中(　　)。

A. 定义变量需要指定类型

B. 整数型、浮点型和列表都是数字型

C. 布尔型是非数字型

D. 字符串、元组和字典都是非数字型

(4)在缩进规则的使用中(　　)。

A. 缩进决定了代码的作用范围

B. 数字 0 不代表缩进级别

C. 每行代码中开头的空格数不用于计算该行代码的缩进级别

D. 缩进空格数必须是 6 个

(5)关于注释行的使用正确的是(　　)。

A. 单行注释的符号是 $

B. 单行注释放置的位置只能是要注释代码的前一行

C. 多行注释不可以使用 3 个单引号分别作为注释的开头和结尾

D. 多行注释可以使用 3 个双引号分别作为注释的开头和结尾

(6)关于引号的使用,正确的是(　　)。

A. 双引号里面可以使用双引号

B. 双引号里面可以使用单引号

C. 单引号里面不可以使用双引号

D. 三引号不能对应换行的字符串

2. 设计一个 Python 程序,要求完成以下工作:

(1)对变量 I 赋予整数值,并打印结果。

（2）对变量 L 赋予长整数值，并打印结果。

（3）对变量 F 赋予浮点数值，并打印结果。

（4）对变量 C 赋予复数数值，并打印结果。

（5）对变量 B 赋予布尔数值，并打印结果。

（6）对列表 my_list 用［'北京'，'上海'，'广东省'，'广州'，'深圳'］赋值，并打印结果。

（7）对元组 my_tuple 用（'物理'，'数学'，2020，1000）赋值，并打印结果。

（8）对字典 my_dict 用｛'key1'：1000，'key2'：2000，'key3'：'3000'｝赋值，并打印结果。

3. 设计 Python 程序完成下述数据的输入和输出：

（1）利用 input（）接受从键盘上输入单个数据，并打印结果。

（2）利用 input（）接受从键盘上输入 3 个数据，并打印结果。

（3）从键盘输入两个数字，然后计算出它们的和，并打印结果。

（4）将 3.1415926 输出到屏幕上，要求带符号保留小数点后二位，并打印结果。

（5）将 1000000 以逗号隔开的形式输出，并打印结果。

（6）将 1000000 以指数记号输出，并打印结果。

（7）将 0.36 以百分号形式输出，并打印结果。

（8）将 8.36666 不带小数点输出，并打印结果。

4. 设计 Python 程序完成下述运算：

（1）对于字符串 str1 = "cueb"，运用乘法，将该字符串连接 5 次，并打印结果。

（2）对 23 进行整除运算，并打印结果。

（3）判断 25 乘 5 是否大于等于 76，并打印结果。

（4）判断 15 大于 6 和 50 大于 90 是否同时成立，并打印结果。

（5）假设变量 a=5，b=2，通过不等于操作符对它们进行运算，并打印结果。

（6）对表达式 1>2 or 3<2 or not 4>5 进行逻辑运算，并打印结果。

（7）假设变量 a=21，c=0，分别计算 c/=a，c%=a，c ** =a，并打印结果。

（8）判断 a=3，b=20 是否是列表 my_list=［1,2,3,4,5］的成员，并打印结果。

5. 设计 Python 程序完成下述控制语句：

（1）假设变量 a 的取值范围为 0 到 100，用 if 语句设计当 a<100 并且 a>50 时，打印输出"落入了 50 到 100 之间"，否则打印输出"落入了 0 到 50 之间"。对变量 a 赋值后测试程序。

（2）假设飞机登机的安排如下：有机票可以过安检，无机票需要购买机票，如果是金卡可优先登机，如没有则排队登机，设计嵌套 if 语句，并打印有机票无金卡乘客的结果。

（3）假设有字符串 f=' 苹果 21 个, 橙子 12 个, 西瓜 8 个, 哈密瓜 6 个, 水蜜桃 33 个, 橘子 7 个', 使用 for 循环统计水果的总数, 并打印结果。

（4）设计一个从键盘输入的任意数, 结合 for 循环来求这个数的阶乘, 并打印计算结果。

（5）给定字符串 a="首都经济贸易大学", 利用 for 循环结合 break 语句, 设计程序输出"大"汉字。

（6）利用 while 循环设计屏幕输入, 只要不是"退出", 就打印输入的内容。

（7）利用 while 循环结合 continue 语句, 设计程序计算 0 到 20 之内的所有偶数, 并将结果输出到屏幕上。

（8）考虑下面的代码：

```
count = 50
while True:
    print(count)
    count-=1
print('打印结束')
```

请在上述程序中添加 break 语句, 使得当 count 等于 33 时退出 while 循环。

6. 根据下述题意, 设计 Python 自定义函数并完成函数的调用：

（1）对于列表 my_list=[1,2,3,5,7,8,9], 设计一个自定义函数 Lsum() 对列表求和, 并打印结果。

（2）设计一个自定义程序根据输入的半径计算圆周长, 并打印结果。

（3）编写一个函数, 它接受一个列表, 函数把列表中的所有字符串变成大写后返回, 非字符串元素将被忽略, 并打印最终列表。

（4）自定义一个函数, 用该函数接收输入的字符串中每个字符出现的次数, 并打印结果。

（5）设计 2 个函数来计算自然数的平方根, 第一个函数用于判断输入的字符串是否是自然数, 第二个函数计算自然数的平方根, 并打印结果。

2　爬虫技术

本章提要

1. HTTP 协议是爬虫的基础，它通过封装 TCP/IP 协议链接，简化了网络请求的流程，掌握 HTTP 请求的基本步骤，掌握 HTTP 超文本的基本原理。

2. 爬虫的主要目的是从一个网站的网页上获取内容。其基本原理是模拟人工访问网页的方式并按照一定的规则，自动抓取网页的计算机程序。

3. 能够通过 Requests 库设计基本爬虫程序，包括发送 HTTP 请求，能够通过正则表达式或通过 requests_html 获取网页中的信息。

4. lxml 库是 Python 的一个重要三方解析库，它具有很多功能，掌握 lxml 库在处理 HTML 解析方面的功能。同时，lxml 还支持 XPath 解析方式，掌握 lxml 库与 XPath 相结合的网页解析技术。

5. 能够运用 Pyquery 库初始化网页的 3 种方法，能够使用 CCS 选择器从网页中提取标签、文本等信息。

6. BeautifulSoup 库也是 Python 中的一个重要解析库，最主要的功能是从 HT-ML 或 XML 文档中提取相关数据。熟练掌握 BeautifulSoup 借助网页的结构和属性等特性提取网页信息的能力。

7. 通过爬虫解析后的信息可以保存在文件中，文件的形式可以是多种多样的，掌握对文本文件的读出和写入，掌握对 CSV 格式文本文件读出和写入。

我们通常将网络爬虫定义为一个可以获取网页信息的计算机程序。它是根据一定的算法实现的编程开发,主要通过模拟人工上网的方式对一个 URL 实现数据的抓取、解析和存储的过程。

爬虫又分为通用爬虫和聚焦爬虫两大类。通用爬虫是从互联网环境中搜索网页,采集信息,这些网页信息用于为搜索引擎建立索引从而提供支持,它决定着整个引擎系统的内容是否丰富、信息是否及时,因此其性能的优劣直接影响着搜索引擎的效果。聚焦爬虫则是面向特定主题需求的一种网络爬虫程序,它与通用搜索引擎爬虫的区别在于聚焦爬虫在实施网页抓取时会对内容进行处理筛选,尽量保证只抓取与需求相关的网页信息。本章中我们重点学习聚焦爬虫。

网络爬虫的基本工作原理分为以下几个部分:第一,向目标网页发起 HTTP 请求,请求可以包含额外的头部等信息,然后等待服务器响应。这个请求的过程就像我们打开浏览器,在浏览器地址栏输入网址,然后回车。第二,如果服务器正常响应,我们会得到一个回复,其内容便是我们所要获取的内容,类型可能有文字、图片、视频等类型。这个过程就是服务器在收到客户端的请求后,经过解析发送给浏览器的网页文件。第三,在获得网页内容之后,可以使用正则表达式或网页解析库进行内容解析。这一步相当于浏览器把服务器端的文件获取到本地,再进行解释并且展现出来。第四,把解析后的文件按照一定的方式保存到本地。这就相当于我们在浏览网页时,复制了网页上的文本,或是下载了网页上的图片或者视频。

2.1 爬虫的相关知识体系

爬虫本身是一个获取网页信息的程序,我们有必要对其涉及的相关概念进行一些介绍。它们包括由 W3C(万维网联盟)定义的 HTTP 协议,或我们熟知的一些基本概念,包括 Cookie 和 Session 会话,以及代理等概念。

2.1.1 HTTP 基本原理

HTTP 协议是爬虫的基础,它通过封装 TCP/IP 协议链接,简化了网络请求的流程,使得用户不需要关注协议的底层交互。

为了能够设计爬虫程序,我们有必要掌握 HTTP 协议的相关概念。一个 HTTP 的构成包括以下两个方面:一是统一资源标识符,即 URI;二是统一资源定位符,即 URL。

URI 是对 Web 上每种可用的资源,如文档、图像、视频片段、程序等进行定位。而 URL 是 URI 的子集。直观地说,URL 是互联网上描述信息资源的字符串,主要用在各种 WWW 客户程序和服务器程序上。采用 URL 可以用一种统一的格式来描述各种信息资源,包括文件、服务器的地址和目录等。

概括来说,URL 可以分为以下两个部分:第一部分为协议/,它告诉浏览器如何处理将要打开的文件。最常用的模式是超文本传输协议(Hypertext Transfer Protocol,HTTP),这个协议可以用来访问网络。第二部分为文件所在的服务器的名称或 IP 地址,后面是到达这个文件的路径和文件本身的名称。服务器的名称或 IP 地址后面可以跟一个冒号和一个端口号,默认为 80。由"/"隔开的字符串,表示的是主机上的目录或文件地址。有些时候,URL 以斜杠"/"结尾而没有给出文件名,在这种情况下,URL 引用路径中最后一个目录中的默认文件,这个文件名通常为 index. html 或 default. htm。

我们来看下面的例子,考虑下述 URL:

http://www. cueb. edu. cn/

其中"http:"表示浏览器要处理的协议,当客户端程序首先看到超文本协议 http 后,就知道将要处理的是 HTML 链接。www. cueb. edu. cn 代表访问的站点地址,最后是目录。

所以,HTTP 的传输协议是一个超文本协议,其中的内容由 HTML 源码构成。我们在浏览器里看到的网页内容就是对超文本解析后而形成的,其网页源码是一系列 HTML 代码,里面包含了一系列标签,比如,标签 head 显示标题,而标签 img 显示图片等。浏览器解析这些标签后,便形成了平时看到的网页内容。

接下来,我们来讨论 HTTP 请求。一个 HTTP 请求由客户端(浏览器)向服务器发出,包括以下部分内容:请求行、请求消息头、空行和请求数据。一次完整的 HTTP 请求有一个请求行、若干消息头以及请求数据,而消息头和请求数据可以没有,请求消息头和请求数据间有一个空行。

请求行的基本格式为:

请求方法/二级目录或二级目录中的具体网页/HTTP/版本号

请求方法有:

GET:请求页面,并返回页面内容。

POST:用于提交表单或上传文件,数据包含在请求中。

CONNECT:把服务器当作跳板,让服务器代替客户端访问其他网页。

PUT:从客户端向服务器传送的数据取代指定文档的内容。

DELETE:请求服务器删除指定的页面。

请求行的一个例子:

Get/cueb/index. htm/HTTP/1. 1

实际上,一般的浏览器只能发起 GET 或者 POST 请求方法,这个例子里用的是 GET 方法。这个例子里端口和路径都省略了。协议版本的格式为:HTTP/主版本号,这个例子里协议版本用的是 HTTP/1.1。

请求消息头主要是用来向服务器传送某种信息或指令,由"属性名/属性值"对组成,每行一对,属性名和属性值之间使用冒号分隔。比如下述请求消息:

User-Agent:可以使服务器识别客户使用的操作系统及版本、浏览器等版本信息。当我们设计爬虫时需加上此信息,可以伪装为浏览器;如果不加,很可能会被识别出为爬虫。

Cookie:网站为了辨别用户进行会话跟踪而存储在用户本地的数据,主要功能是维持当前访问会话。

Accept:客户端希望接受的数据类型。

Referer:用来标识这个请求是从哪个页面发过来的。

Host:服务器地址。

Accept-Language:浏览器所能解释的语言。

我们来看一个请求消息头的例子:

User-Agent:Mozilla/2.0(Macintosh;I;PPC)

Accept:text/html;*/*

Cookie:name=value

Referer:http://www.cueb.edu.cn/index.html

请求头部的最后必须有一个空行,表示请求头部结束,接下来为请求数据,这一行非常重要,是不可缺少的。

那么,服务器对 HTTP 请求是如何响应的呢？由服务端返回给客户端,可以分为以下几个部分:响应状态代码、响应消息报头、空行和响应正文。

响应状态代码表示服务器的响应状态,返回一个包含 HTTP 状态码的信息头以响应浏览器的请求。HTTP 的常用状态码为:

200——请求成功

301——资源或网页被永久转移到其他 URL

404——请求的资源或网页等不存在

500——内部服务器错误

响应消息报头包含了服务器对请求的应答信息,内容可以没有。响应的实体内容都在响应正文中。消息报头和响应正文间有一个空行。综合起来,我们在浏览器输入一个 URL 的时候,浏览器发送一个请求去获取服务器的 HTML 文件,服务器把响应对象发送给浏览器。

关于请求头部和响应头部的内容,属性名和属性值很多,这里只是简单介绍。大家可参考官方网站 http://www. w3. org/Protocols/rfc2616/rfc2616. html。

浏览器分析响应体中的 HTML 源码,发现其中引用了很多其他文件,比如 Images 文件、CSS 文件、JS 文件。浏览器会自动再次发送请求去获取图片、CSS 文件和 JS 文件。当所有的文件都下载成功后,网页会根据 HTML 语法结构,完整地显示出来。

2.1.2　网页基础

HTML 是用来描述网页的一种基础语言,它描述页面文档结构和表现形式,再由浏览器进行解析,然后把结果展示在网页上。HTML 不是一种编程语言(Java 和 Python 都是编程语言),而是一种标记语言。

具体来说,HTML 是一种超文本标记语言。所谓超文本是指页面内可同时包含文本文档、图像、声音、链接、程序和格式化数据等文档。而标记语言是一种为普通文件中某些字句加上标识的语言,其目的在于运用标记使文件达到预期的显示效果。

由于一个网页通常由超文本所构成,因此我们可以将 HTML 理解为标准通用标记语言下的一个应用,一种规范和一种标准,它通过标记符号来标记要显示的网页中的各个部分。

HTML 的标记是通过标签来实现的,通常把"<>"括起来的部分统称为标签。标签格式如下:

<标签>内容</标签>

我们注意到,标签是尖括号包围的部分,标签通常是成对出现的,标签对中的第一个标签是开始标签,第二个标签是结束标签。从开始标签到结束标签的所有代码组成了 HTML 的元素。

HTML 元素语法总结如下:

——HTML 元素以开始标签起始;

——HTML 元素以结束标签终止;

——元素的内容是开始标签与结束标签之间的内容;

——HTML 元素可拥有属性;

——HTML 元素可以嵌套。

我们列出一些重要的 HTML 元素,如表 2.1 所示。

表 2.1　一些重要的 HTML 元素

元素	含义
<html>	定义整个文档,根标签
<body>	定义文档主体
<head>	定义文档头部
<p>	定义段落
<h1><h6>	定义标题
<a>	定义超链接文本
<img>	定义图片
 	定义换行

HTML 元素可以具有属性,为元素提供了更多信息。属性值可以在 HTML 元素的开始标签中以名称/键值对进行设置。

例 2.1　我们来看一个 HTML 实例,它的 HTML 网页名称为 ch2example1. html,其代码为:

```
<html>
<h1>首都经济贸易大学</h1>
<body>
<p>继续教育学院</p>
</body>
<a href=" www. cueb. edu. cn" >首都经济贸易大学</a>
</html>
```

这个例子包含 5 个 HTML 元素,其中<html>元素定义了整个 HTML 文档,这个元素拥有一个开始标签<html>以及一个结束标签</html>,元素的内容是另外 3 个 HTML 元素。

元素<h1>定义了一个标题,这个元素拥有一个开始标签<h1>以及一个结束标签</h1>,元素的内容是"首都经济贸易大学"。

元素<body>定义了 HTML 文档主体,这个元素拥有一个开始标签<body>以及一个结束标签</body>,元素的内容是另外 1 个 HTML 元素。

元素<p>定义了 HTML 文档的一个段落,这个元素拥有一个开始标签<p>以及一个结束标签</p>,元素的内容是"继续教育学院"。

元素<a>定义了 HTML 文档的一个链接,这个元素拥有一个开始标签<a>以及一个结束标签</a>,元素的内容是"首都经济贸易大学"。元素<a>的属性 href 指定了链接的地址。

我们把上述 HTML 实例存为一个 HTML 文件 ch2example1. html。大家可以在浏览器中进行测试。

2.1.3　爬虫基本原理

爬虫的主要目的是从一个网站上获取数据。其基本原理是模拟人工访问网页的方式并按照一定的规则,自动抓取网页的程序;或者说,就是将你浏览的页面上内容,比如一个网页文档、一张图片,或一个视频,抓取下来,并进行存储。我们从爬虫工作的基本原理和抓取算法的角度对其进行讨论。

一个典型的网页爬虫的基本原理通常为:

第一步,首先选择一些统一资源定位符 URL。选择方式可以是人为指定,也可以由指定的某个或某几个初始爬取网页决定。

第二步,将上述 URL 放到待抓取的 URL 队列中。

第三步,从待抓取 URL 队列中读取一个 URL,解析 DNS,并且得到主机的 IP,将 URL 对应的网页下载下来并存储,再将这些完成下载的 URL 放进已抓取 URL 队列中。

第四步,分析已抓取 URL 队列中的 URL,并且将那些需要继续抓取的 URL 放入待抓取 URL 队列中,从而进入下一个循环。

第五步,满足爬虫系统设置的停止条件时,停止爬取。在编写爬虫的时候,一般会设置相应的停止条件。如果没有设置停止条件,爬虫会一直爬取下去,一直到无法获取新的 URL 为止,若设置了停止条件,爬虫则会在停止条件满足时停止爬取。

在一个网页爬虫中,待抓取 URL 队列是非常重要的。队列中的 URL 以什么样的顺序排列将决定先抓取哪个页面和后抓取哪个页面。而决定这些 URL 排列顺序的方法,叫作抓取算法。下面重点介绍几种常见的抓取算法。

(1)深度优先。深度优先算法是指网络爬虫会从网站中一个起始页开始,一个链接一个链接跟踪下去,处理完这条线路的链接之后,再转入下一个起始页,继续跟踪链接。当不再有其他超级链接可选择时,说明搜索已经结束。该算法的优点是能遍历一个网站深层嵌套的文档集合,缺点是当网站结构相当深时,有可能造成一旦进去再也出不来的情况发生。

(2)广度优先。广度优先算法是指网络爬虫从网站中一个起始页开始,搜索完当前页面所有链接,再开始进入下一层。一旦一层上的所有超级链接都被遍历过,就可以进入刚才处理过的超级链接中,并继续搜索该层的超级链接。例如,一个页面中有 3 个超级链接,选择其中之一进行处理,然后返回;选择第二个超级链接,进行处理再返回;选择第三个超级链接,并进行处理。但是如果要遍历一个站点的深层嵌套链接,则用广度优先搜索算法需要花费较长时间才能到达深层链接。

(3)最优优先。根据一定的网页分析算法,比如链接算法和页面加权算法等,计算链接价值,优先抓取更具有价值的网页。这时确定网络爬虫算法就等价于如何评价链接价值,不同的价值评价方法计算出的链接价值是不相同的,表现出的链接的“重要程度”也不同,从而决定了不同的搜索算法。由于超级链接位于网页之中,所以具有较高价值的网页包含的超级链接也具有较高价值,这时我们可以认为对超级链接价值的评价就可转换为对网页价值的评价。

2.1.4　Cookie 会话和 Session 会话

一个会话过程是从一个客户端浏览器第一次请求服务器开始到浏览器关闭结束之间发生的多次请求与响应过程,或一个客户端多次请求与响应的过程。

HTTP 协议本身是无状态的,无论是客户端还是服务器都没有必要记录彼此过去的行为。Cookie 的作用就是为了解决 HTTP 协议的无状态性,而 Session 是一种在客户端和服务器之间保持状态的解决方案。所以,Cookie 和 Session 是最常用的会话跟踪技术。Cookie 通过在客户端记录信息确定用户身份,Session 通过在服务器端记录信息确定用户身份。一个网站的登录页面中经常用到 Session 和 Cookie这两个机制。在本小节中,我们将分别讨论 Cookie 和 Session。

2.1.4.1　Cookie

Cookie 是作为 HTTP 传输头信息的一部分发给客户端,所以向客户端发送Cookie 的代码一般放在发送给浏览器的 HTML 文件的标记之前。这就要求 Cookie功能得到浏览器的支持,目前所有主流浏览器都支持这种机制。

Cookie 分发一般是通过扩展 HTTP 协议来实现的,也就是说在 HTTP 协议添加一小段记录用户状态的文本信息。服务器通过在 HTTP 的响应头中加上一行特殊的指示以提示浏览器按照指示生成相应的 Cookie。

我们提到 Cookie 机制可以改进 HTTP 协议无状态的不足,对客户端进行跟踪会话。当客户端请求服务器,如果服务器需要记录这个用户的状态,就可使用响应向客户端浏览器发送一个 Cookie。客户端浏览器会把这个 Cookie 保存起来。当客户端浏览器再请求服务器时,浏览器将把请求的网址连同该 Cookie 一同提交给服务器。服务器检查该 Cookie,以此来辨认用户身份和状态。服务器还可以根据需要修改 Cookie 的内容,Cookie 还可用于记录客户端访问的次数。

Cookie 是由服务器按照一定的原则在后台自动发送给浏览器的。浏览器检查所有 Cookie,能够保证网站只会操作当前网站的 Cookie 而不会操作其他网站的 Cookie,从而保证用户的隐私安全。浏览器判断一个网站是否能操作另一个网站 Cookie 的依据是域名。每个网站的域名不一样,因此不能跨域操作其他网站的 Cookie。

对于 Cookie 信息的存放,浏览器并不都是以文件形式存放在硬盘上的,还有部分信息被保存在内存里,所以当你在浏览一个网页的时候,服务器会自动在内存中生成一个 Cookie,当你关闭浏览器后,就自动把 Cookie 删除了。

2.1.4.2 Session

Session 属于服务器端的会话技术,数据保存在服务器中。Session 的工作原理与 Cookie 类似,只是 Cookie 保存在客户端,而 Session 保存在服务器端,通过 Session 的唯一标识来区分不同的客户端。

Session 是把数据存在服务器端的内存或文件中(数据库等)。因为服务器要同时响应多个客户端,所以 Session 就为每个客户端分配一个唯一的 Session_id。以后每次一个客户端登录的时候,就可以根据 Session_id 去调用存在 Session 中的信息。Session_id 的存储一般通过两种方法:一种是基于 Cookie,就是存到 Cookie 中;另一种是通过 URL 传输,将 Session_id 存在服务器中。

由于 Cookie 可以被人为地禁止(客户端可阻止接受 Cookie),因此我们必须用其他方法以便在 Cookie 被禁止时仍然能够把 Session_id 传递回服务器。这时我们就需要上述第二种传输 Session_id 的技术。我们把这种技术称作 URL 重写,就是把 Session_id 直接附加在 URL 路径的后面。

大家千万不要认为只要关闭客户端浏览器,Session 就自然消失了。实际上关闭客户端浏览器不会导致 Session 被删除,这时服务器将为 Session 设置一个失效时间值,当距离客户端上一次使用 Session 的时间超过这个失效时间值时,服务器就认为客户端已经停止了活动,才会把 Session 删除。

2.1.5 代理的基本原理

代理服务器是一种重要的服务器安全功能,它的工作主要在于开放系统互联模型的会话层,从而起到防火墙的作用。代理服务器大多被用来连接互联网和局域网。通常认为代理服务有利于保障网络终端的隐私或安全,防止攻击。

HTTP 代理是 HTTP 协议中一个重要的组件,发挥着重要的作用。HTTP 代理是 WWW 的中间实体,代表客户端中间人。如果没有 HTTP 代理,HTTP 客户端就要直接与 HTTP 服务器进行对话。有了 HTTP 代理,客户端就可以与代理进行对话,然后由代理代表客户端与服务器进行交流。

HTTP 代理服务器既是 WWW 服务器又是 WWW 客户端。HTTP 客户端会向代理发送请求,代理服务器必须像 WWW 服务器一样,正确地处理请求,并返回响应。同时,代理自身也要像 HTTP 客户端一样向服务器发送请求,并接收响应。

我们看到 HTTP 代理位于客户端和服务器之间,充当着"中间人"的角色。但是 HTTP 代理存在两种形式,一种是普通模式,另外一种是隧道模式。分别简单介绍如下。

2.1.5.1　普通代理

HTTP 客户端向代理发送请求,代理服务器需要正确地处理请求和连接,同时向服务器发送请求,并将收到的响应转发给客户端。这种代理扮演的是"中间人"角色,对于连接到它的客户端来说,它是服务器;对于要连接的服务器来说,它是客户端。它负责在客户端和服务器之间来回传送 HTTP 请求。

比如说,如果我们通过 HTTP 代理来访问某个网站,该网站把代理当作客户端,完全察觉不到真正客户端的存在,从某种意义上来说,这实现了隐蔽客户端 IP 的作用。

2.1.5.2　隧道代理

HTTP 客户端通过 HTTP CONNECT 方法向代理请求,就是告诉代理,先在代理和服务器之间建立起连接,在这个连接建立起来之后,服务器将会给代理一个回复,代理再将这个回复转发给客户端,这个回复是代理与服务器连接建立的状态回复,而不是请求数据的回复。在这以后,客户端与服务器的所有通信都将使用之前建立起来的连接。在这个 HTTP 隧道中,代理仅仅实现盲转发(不关心转发的数据)。所以使用 CONNECT 方法建立隧道代理,只能对通信数据进行转发。

2.2　Python Requests 库的使用

利用 Python Requests 库可以非常方便地实现所有 HTTP 客户端请求功能,满足编写爬虫的需求。在使用之前,建议大家使用 pip 进行安装:pip install requests。当你在编写 Python 爬虫程序时,你应该导入 import requests。

一个爬虫程序通常模拟普通用户使用浏览器的上网流程:模拟浏览器→往目标网页发送 HTTP 请求→接收 HTTP 响应数据→提取有用的数据→保存到本地数据库。

2.2.1　发送请求

爬虫程序的 HTTP 请求是通过 Python Requests 库来实现的,它使用 Python 语言编写,可以方便获取网页中的信息,它是学习和设计一个基本 Python 爬虫较好的 HTTP 请求模块。

表2.2 给出了 Requests 库中函数与 HTTP 请求行中的请求方法的相互对应关系。

表2.2 Requests 库中函数与 HTTP 请求行中的请求方法的对应关系

Requests 库函数	HTTP 请求方法	用途
requests. get( )	HTTP 的 GET	获取 HTTP 网页内容
requests. head( )	HTTP 的 HEAD	获取 HTTP 网页头
requests. post( )	HTTP 的 POST	向 HTTP 网页提交数据
requests. put( )	HTTP 的 PUT	向 HTTP 网页提交 PUT 请求
requests. patch( )	HTTP 的 PATCH	获取 HTTP 网页提交局部修改
requests. delete( )	HTTP 的 DELETE	请求服务器删除网页

由于 HTTP 的 GET 请求是浏览器最常用的方法,我们就可以用 requests. get( ) 来模拟发起 GET 请求并获得回复对象,其基本语法格式为:

requests. get(url,params,headers,cookies,auth,timeout)

参数

　　url:待爬取网页的 URL。

　　params:关键字参数跟在 GET 后面需加?,默认为 None。

　　headers:使用请求发送的 HTTP 请求头文件,默认为 None。

　　cookies:使用请求发送的 Cookie 对象,默认为 None。

　　auth:启用基本 HTTP 验证,默认为 None。

　　timeout:请求超时的浮点数,默认为 None。

我们看到,除了第一个参数外,其他都可选用默认参数,所以 requests. get 最基本的调用为只传入一个 URL 参数:

r =requests. get(" http://www. cueb. edu. cn")

这里 Requests 库的 get( )函数请求由服务器响应回复对象,r 用来接收相关返回。然后我们通过这个对象的常用属性来了解服务器的回复,如表2.3 所示。

表2.3 GET 请求的回复对象属性及其含义

回复对象属性	含义
r. status_code	HTTP 请求的返回状态,如等于 200 表示成功
r. text	HTTP 返回页面内容(字符串形式)
r. content	HTTP 返回内容(二进制形式)

我们可用 Python 设计模拟浏览器访问首都经济贸易大学首页并获得该页中的内容。

例 2.2A 这个例子模拟浏览器访问网页,Python 程序名为 ch2example2A. py,其代码如下:

```
import requests
u=' https://www. cueb. edu. cn/'
print(" ------------访问网页------------")
r=requests. get(url=u)
print('打印响应状态码:\n' ,r. status_code)
r. encoding =' utf-8'
print('打印网页内容:\n' ,r. text)
```

该程序通过导入 Requests 库,指定 URL,利用发起 GET 请求后捕获 get( )的返回值并将其存储在名为 r 的对象中,通过 r 的属性可以查看 GET 请求的结果。打印返回响应状态码(成功为 200),将编码转换成 UTF-8 编码,最后将网面内容打印出来。

2.2.2 处理异常

在我们用 Python 的 Requests 模块进行爬虫程序设计时,经常会遇到各种错误的情况发生,导致这些错误的原因是多方面的,或产生于网络的各种变化,或请求过程发生各种未知的错误导致程序中断,这就使我们的程序不能很好地去处理错误。为了捕获爬虫程序在 HTTP 请求时遇到的某种错误,我们就需要用 Python 的 try…except 语句来处理 Requests 库可能遇到的各种错误。

Requests 库的所有异常错误都继承自 request.exception,部分主要错误信息如下:

(1)连接超时。发出 HTTP 请求后,服务器在指定时间内没有应答,Requests 库提示的超时错误为:requests.exceptions.ConnectTimeout。

(2)未知服务器。提示的异常信息为:requests.exceptions.ConnectError。

(3)代理服务器连接不上。代理服务器拒绝建立连接,端口拒绝连接或未开放,提示的异常信息为:requests.exceptions.ProxyError。

例 2.2B 我们对例 2.2A 的 Python 程序加上异常处理的代码,这时 Python 程序名为 ch2example2B. py,其代码如下:

```
import requests
u=' https://www. cueb. edu. cn/'
```

```
print("------------访问网页------------")
try:
    r=requests. get('https://www. cueb. edu. cn/',timeout=0. 001)
    if r. status_code==200:
        print('获得网页')
        print('打印响应状态码:\n',r. status_code)
        print('打印网页内容:\n',r. text)
except requests. exceptions. ConnectionError:
    print('连接超时! ')
```

大家要注意使用试错语句 try...except 和条件判断语句 if...else 时代码格式的缩进,否则程序将报错。

2.2.3 解析链接

我们前面讨论的 Requests 库只负责发起 HTTP 请求,但不对服务器响应后的内容进行解析处理。如果我们要保存响应后的页面内容,就需要读入网页加以解析和内容抓取,我们可以用 requests_html 库来进行内容解析。

由于 requests_html 库是在 Requests 库上实现的,上述 r 对象得到的结果是服务器响应下面的一个子类,所以 Requests 库的响应对象可以进行什么操作,这个 r 也都可以。如果需要解析网页,直接获取响应对象的 html 属性。我们通过下面的例子来说明利用 requests_html 库解析一个网页中的所有链接。

例 2. 2C 我们对例 2.2A 的 Python 程序进行修改,这时 Python 程序名为 ch2example2C. py,其代码如下:

```
import requests_html
from requests_html import HTMLSession
s=HTMLSession( )
u=' https://www. jrj. com. cn/'
print("------------打印网页的 link------------")
r=s. get( u)
print( r. html. links)
```

在这段代码中,我们首先导入 requests_html 库,然后激活 HTMLSession,访问指定网页,获得网页内容,打印页面上所有链接。

2.2.4 Robots 协议

Robots 协议也称作爬虫协议,或机器人协议,它的全名叫作网络爬虫排除标准,用来告诉爬虫和搜索引擎哪些页面可以抓取,哪些不可以抓取。或者说,Robots 协议就是每个网站对来到的爬虫所提出的要求。爬虫协议并非强制要求遵守的协议,只是一种建议,但是如果不遵守有可能会承担法律责任。

每个网站的 Robots 协议都在该网站的根目录下,它通常是一个叫作 robots. txt 的文本文件。一个 Robots 协议文本的基本格式如下:

User-agent:爬虫的名字

Disallow:/该爬虫不允许访问的内容

一个具体 robots. txt 文本的内容:

User-agent:Baiduspider

Disallow:/baidu

Disallow:/s?

Disallow:/ulink?

它的意思是说,对于 Baiduspider 爬虫,不能爬取以/baidu 开头的路径,不能访问与/s？匹配的路径,也不能爬取与/ulink？匹配的路径。

当爬虫访问一个网站时,它首先会检查这个网站根目录下是否存在 robots. txt 文件,如果存在,搜索爬虫会根据其中定义的爬取范围来爬取。如果没有找到这个文件,搜索爬虫便会访问所有可直接访问的页面。

2.3 正则表达式的使用

正则表达式是表达一组字符串的表达式,是处理字符串的有力工具,几乎任何关于字符串的操作都可以使用正则表达式来完成。比如,判断字符串是否满足某个条件(如含区号的电话号码)、提取满足条件的字符串和字符串替换。

一个爬虫程序,时刻都和字符串打交道,正则表达式更是不可或缺的技能。Python 的 re 库主要用于字符串匹配,re 库为高级字符串处理提供了几乎所有的正则表达式,包括字符串的匹配、替换、检索等。

我们将分两个部分进行讨论。首先,我们介绍正则表达式的常用操作符和如何构建一个正则表达式,然后我们再介绍 re 库中基本函数的调用方法。

2.3.1 正则表达式的常用操作符

所谓正则表达式或规则表达式,是计算机科学中的一个概念,用于表达一组字符串特征的表达式,主要用于字符串匹配。最简单的正则表达式就是普通字符串,与它自己匹配。例如,正则表达式'ABCDEF'与字符串'ABCDEF'相匹配。

复杂的正则表达式是对字符串操作的一种逻辑公式,就是用事先定义好的一些特定操作符,或这些特定操作符的组合,组成一个"规则字符串",这个"规则字符串"用来表达对字符串的一种过滤逻辑。正则表达式中常用操作符如表 2.4 所示。

表 2.4 正则表达式中常用操作符

操作符	含义	例子
.	单个字符通配符	'.BCDEF'与'+JBCDEF','PBCDEF'匹配
[ ]	字符集匹配	'[PK]BCDEF'与'+PBCDEF','KBCDEF'匹配
|	二选一匹配	'ABC|AEF'与'ABC'和'AEF'匹配
( )	分组匹配	'A(BC|EF)'与'ABC'和'AEF'匹配
?	前字符 0 次或 1 次扩展	'(ABC)?(DEF)'匹配结果 ABCCEF,或 DEF
^	匹配字符串头	^ABC 匹配字符串前三个是 ABC
+	前 1 个字符 1 次或无限次扩展	ABC+表示 ABC,ABCC,ABCCC…
$	匹配字符尾部	ABC $ 匹配字符串最后三个是 ABC
*	前 1 个字符 0 次或无限次扩展	ABC * 表示 AB,ABC,ABCC…
\d	转义字符	匹配数字,等价[0-9]
\D	转义字符	匹配非数字,等价[^0-9]
\w	转义字符	匹配所有字母和数字,等价[a-zA-Z0-9]
{m}	扩展前 1 个字符 m 次	AB{2}C 等于 ABBC

还有更多操作符,我们可以边学边积累。

以上我们看到,正则表达式中包含两个部分,第一部分是正则操作符对应的字符,第二部分是普通字符,我们用 r' 来定义原始规则字符串,比如 r'ABC|AEF'。一般来说这种表示方法被称为原生字符串类型,记号为 r'text'。当然,在一些情况下,我们也可能不用 r 字符串比较好。

正则表达式的一些实例如:[1-9]?\d 表示 0-99;[1-9]\d{5}表示我国境内的 6 位邮政编码;^-?\d+ $ 表示整数形式的字符串。

利用 Python 中的 re 库可以方便地检查一个字符串与另外一个字符串之间存在的某种关系。我们可以这样理解,对一个给定正则表达式和另一个目标字符串,我们是否可以达到如下的目的:首先,目标字符串是否符合正则表达式的过滤逻辑,即匹配概念;其次,通过正则表达式,从目标字符串中获取我们想要的特定部分,即过滤概念。

2.3.2　Re 库基本函数的调用

下面我们介绍 re 库中主要函数的调用方法,包括函数的作用、参数介绍及调用后的返回值。

2.3.2.1　match 函数

re. match(pattern,target_string)

其中:

pattern 为正则表达式字符串或原生字符串类型。

target_string 为待匹配字符串。

该函数将一个目标字符串按正则表达式匹配结果进行分割并返回列表类型数据。match 从字符串的开头开始匹配,如果开头位置没有匹配成功,就算失败了;如果匹配不成功,它们则返回一个 NoneType。考虑下述 Python 代码:

```
import re
re. match( r' [ 1-9]\d{ 10}' ,' 田老师 18619831983' )
```

由于待匹配字符串的开头不是数字,所以不匹配,返回 match 对象为空,如果一定要调用当前这个空的 match 对象就会报错。

```
import re
re. match( r' [ 1-9]\d{ 10}' ,' 18619831983 田老师' )
```

这样就匹配出手机号码。

2.3.2.2　search 函数

re. search(pattern,target_string)

其中:

pattern 为正则表达式字符串或原生字符串类型。

target_string 为待匹配字符串。

该函数在目标字符串中找到匹配正则表达式的字符串,返回匹配对象。

```
import re
re. search( r' [ 1-9]\d{ 10}' ,' 田老师 18619831983' )
```

将直接返回匹配的手机号码。

2.3.2.3　findall 函数

re. search(pattern,target_string)

其中：

pattern 为正则表达式字符串或原生字符串类型。

target_string 为待匹配字符串。

该函数将待匹配字符串中所有能匹配的子串以列表形式返回。

```
import re
re. findall( r' [1-9]\d{10}' ,' 田老师 18619831983 薛老师 13719881988' )
```

将直接返回两个匹配的手机号码中,放入返回的列表类型中。

对正则表达式的深入理解需要一定的数学和计算机科学基础,这部分的内容大家应以实践为主,通过后面爬虫程序设计来逐步理解。

例 2.3 在这个例子中,我们将通过正则表达式来提取一个 HTML 页面中的内容,Python 程序名为 ch2example3. py,其代码为：

```
import re
text ='''' <div id =" colleges-list" >
<h2 class =" title" >第二章例 2. 3</h2>
<p class =" introduction" >
     首都经济贸易大学的学院
</p>
<ul id =" list"  class =" list-group" >
                    <li data-view =" 7" >
            <a href =" https://ggxy. cueb. edu. cn/index. htm"  director =" 张军" >管理
工程学院</a>
        </li>
        <li data-view =" 4"  class =" active" >
          <a href =" https://yd. cueb. edu. cn/"  director =" 田新民" >继续教育学院
</a>
        </li>

</ul>
</div>'''
r =re. findall(' director =" (\w+). * >(\w+)</a>' ,text)
print( r)
```

我们注意到用三引号对变量 text 进行赋值,运行这个程序后,我们将在屏幕上看到如下结果：

```
[ ('张军' ,' 管理工程学院' ), (' 田新民' ,' 继续教育学院' )]
```

2.4　XML 和 HTML 文件的解析

前面我们讨论了在提取页面信息时可以使用 Python 的正则表达式来完成,我们发现,构造一个正则表达式比较复杂,而且一旦出错就可能会导致匹配失败,所以使用正则表达式来提取一个 HTTP 网页内容多多少少还是有些不方便。

在对 HTML 页面解析时,我们应当利用 Python 现有的解析库,用它们替代正则表达式来实现信息提取。实际上,存在多种解析库,其中比较强大的解析库有 lxml、pyquery 和 BeautifulSoup 三种。接下来我们分别介绍它们的使用方法,有了这些库,我们就不必担心使用正则表达式的复杂性,这些三方库使得解析效率大幅提高,实为爬虫技术中的必备工具。

2.4.1　lxml 解析库

lxml 是 Python 的一个重要的第三方解析库,它有很多功能,我们将主要介绍它在处理 HTML 和 XML 解析方面的功能。同时,lxml 还支持 XPath 解析方式,而且解析效率非常高。在使用 lxml 库函数之前,需要先安装 lxml 库,可考虑 pip 安装:pip install lxml。

lxml 库在爬虫中的作用就是在爬取数据过程中,从获得的 HTML 页面中分析并提取出所需要的数据。通常使用 lxml 库的 etree 库来完成这个任务。实际上,lxml 的大部分功能都存在于 etree 库之中,etree 库的导入命令:from lxml import etree。

etree 库主要提供两个方面的功能:首先,它提供了一种更快速、方便解析提取 HTML 页面数据的方式,即可使用 etree. HTML(text) 函数将字符串格式的文本解析成 HTML 文档;其次是读取 XML 文件。我们将重点讨论第一部分内容。

通常在解析页面时,etree 库和 XPath 配合使用。前者解析 HTML 页面,后者提取 HTML 页面上的数据。这里简要介绍 XPath 的基本概念。XPath 全称为 XML Path Language,即 XML 路径语言,它是一种在 XML 文档中查找信息的语言。因为 XML 具有树状结构,拥有不同类型的节点,包括元素节点、属性节点和文本节点,所以 XPath 具有在这种数据结构中寻找特定位置(节点) 的能力。虽然 XPath 最初的设计是用来处理 XML 文档的,但它也同样适用于 HTML 页面的搜索。我们的重点是用 XPath 来提取 HTML 页面中的内容。

接下来,我们介绍如何使用 lxml 的 etree 库,下面的 Python 代码给出了将一个文本转换成 HTML 文档的例子。

例 2.4　在这个例子中,我们将一个文本转换为 html 格式的文档,Python 程序

名为 ch2example4. py,其代码如下:

```
from lxml import etree
text ='''<p>第二章例 2.4
<ul>
    <li class =" 管理工程学院" ><a href =" ggxy. cueb. edu. cn" >link</a></li>
    <li class =" 继续教育学院" ><a href =" yd. cueb. edu. cn" >link</a></li>
    </ul>    </p>'''
html =etree. HTML( text)
s =etree. tostring( html,encoding =" utf-8" ). decode(' utf-8' )
print( s)
```

代码首先导入 etree 库,然后用一段文本字符串对变量 text 进行赋值,利用 etree 库的 HTML 函数对变量 text 的内容进行转换,再用 tostring、encoding 和 decode 函数消除转换后文档中的乱码,最后我们将最终 html 文档打印出来。

```
html><body><p>第二章例 2.4
                    </p>
<ul>
<li class =" 管理工程学院" ><a href =" ggxy. cueb. edu. cn" >link</a></li>
<li class =" 继续教育学院" ><a href =" yd. cueb. edu. cn" >link</a></li>
</ul></body></html>
```

我们可以看到 etree. HTML( ) 函数对文本 text 进行自动修正,添加了 HTML 的标签对 body 和 html,并对标签</p>的位置进行了调整。

通常在设计一个爬虫时,我们完全可以使用 XPath 来做相应的内容提取。由于 XPath 只能够访问由 W3C 规定的文档对象模型(DOM),所以我们首先要生成 HTML 的 DOM 树,就是将 HTML 文档转为树状结构,文档中的元素、属性、文本及注释都被看作是一个节点。

在使用 XPath 时,我们需要对其基本语法做些了解,表 2.5 给出了 XPath 最常用的一些语法。

表 2.5　XPath 最常用的语法

表达式	描述
text( )	获取文本内容
/	从根节点选取
//	从匹配当前节点选择文档中的节点,而不考虑它们的位置

表达式	描述
.	选取当前节点
..	选取当前节点的父节点
@	选取属性

举个例子,属性定位的表达式://div[@class="kang"],它表示从当前节点开始找到 class 属性值为 kang 的 div。

我们看下面的例子,首先利用 lxml 库 etree 库解析一个 HTML 网页,然后通过 XPath 函数来提取我们想要的内容。

例 2.5　在这个例子中,HTML 的网页名称为 Ch2example5. html,其代码为:

```
<! DOCTYPE html>
<html>
<title>第二章例 2.5 网页</title>
<body>
<h1>首都经济贸易大学的学院</h1>
<div>
这是第一个区域
<div>管理工程学院</div>
</div>
<div id=" divid" >
<p>
    <a href=" http://ggxy. cueb. edu. cn/" >link-of-首都经济贸易大学</a>
</p>
    <a href=" http://yd. cueb. edu. cn/" >link-of-首都经济贸易大学继续教育学院</a>
<br/>
</div>
<p class=" p_classname" >这是元素 p 的类名称</p>
<div class=" div_classname" >
这是有类名的区域
<div>继续教育学院</div>
</div>
<div>
<br/>
他们的课程
```

```
<table border =" 1" >
<tr>
<th>管理工程学院</th>
<th>继续教育学院</th>
</tr>
<tr>
<td>人工智能</td>
<td>智能爬虫</td>
</tr>
<tr>
<td>机器学习</td>
<td>智能写作</td>
</tr>
</table>
</div>
</body>
</html>
```

大家可以通过浏览器观看上面网页的显示效果。我们对这个网页用 lxml 库进行解析,并用 XPath 提取网页中的信息。程序名为 ch2example5. py,其中的代码如下:

```
import lxml
from lxml import etree
print(" ------------解析网页------------" )
parser =etree. HTMLParser( encoding =' utf-8' )
html =etree. parse(" E:\pachong\kangy\ch2example5. html" ,parser =parser)
print( etree. tostring( html,encoding =' utf-8' ) . decode(" utf-8" ) )
print(" ------------提取信息------------" )
r =html. xpath( '//a/@ href' )
print(' 提取标签 a 的 href 属性值:\n' ,r)
c =html. xpath( '//div/table' ) [0]
print(' 获取 table 标签:\n' ,c)
t =html. xpath( '//div/text( )' )
print(' 获取标签 div 下文本:\n' ,t)
```

利用 XPath 提取网页信息的部分,该程序使用 XPath 提取了数据,程序运行后的结果为:

['http://www. cueb. edu. cn/','http://www. yd. cueb. edu. cn/']

<Element table at 0x2344c305548>

['这是第一个区域','管理工程学院','这是有类名的区域','继续教育学院','他们的课程']

2.4.2　pyquery 解析库

当我们用爬虫抓取 HTML 网页之后,就需要对抓取的网页内容进行处理以获得需要的信息,pyquery 库也是一种能够方便解析 HTML 网页且效率非常高的第三方 Python 解析库。在使用 pyquery 库之前,需要先安装 pyquery 库,可考虑 pip 安装:pip install pyquery。

为了使用 pyquery 库对 HTML 页面进行解析,我们首先需要对它进行初始化。初始化方式共有 3 种,分别为直接传入一个 HTML 格式的字符串、传入一个指定的 URL、传入一个 HTML 格式文件。

当我们使用 pyquery 库抓取到网页之后,还需要对网页的内容进行处理以获得我们需要的信息。这里介绍通过 CCS 选择器来提取网页中的内容。

我们仅仅讨论一些常见的 CCS 选择器,关于它的更加详细的内容请参考 W3C 官方网站。根据 HTML 超文本中的标签和元素,常见的 CCS 选择器有:

(1)通用选择器:它使用一个(*)号指定,它的作用是匹配所有元素。

(2)ID 选择器:以(#)号开头,比如#last 是选择 ID 等于 last 的元素。

(3)class 选择器:以(.)号开头,比如 . out 是选择 class 等于 out 的元素。

(4)element 选择器:选择指定类型的元素,比如:p 是选择<p>标签;th,td 是选择<th>或<td>标签。

下面我们结合例子具体介绍 pyquery 库初始化的 3 种方法,以及利用 CCS 选择器提取网页信息。

例 2.6　在这个例子中,我们利用 HTML 格式的字符串对 pyquery 库进行初始化,Python 程序名为 ch2example6. py,其代码为:

```
from pyquery import pyquery as pq
print(" ------------字符串赋值------------")
html ="' <div id =" divid" >
<p>
    <a href =" http://www. cueb. edu. cn/" >link-of-首都经济贸易大学</a>
</p>
    <a href =" http://www. yd. cueb. edu. cn/" >link-of-首都经济贸易大学继续教育学院
</a>
```

```
    <br/>
</div>'''
print(" ------------字符串传给 pyquery------------")
d =pq( html)
print('打印所有连接:\n',d(" a"))
```

我们以三引号进行字符串赋值,然后将字符串变量传给 pyquery 对象进行解析,最后打印文本中的所有连接。运行结果如下:

```
<a href=" http://www. cueb. edu. cn/" >link-of-首都经济贸易大学</a>
<a href=" http://www. yd. cueb. edu. cn/" >link-of-首都经济贸易大学继续教育学院</
a>
```

初始化的参数还可以传入网页的 URL,此时只需要指定参数为 URL 即可,pyquery 对象会首先请求这个 URL,然后用得到的 HTML 内容完成初始化,我们来看下面的例子。

例 2.7 这个例子将解释如何用一个指定网页的 URL 进行初始化,即把一个 URL 直接传给 pyquery 库。Python 程序名为 ch2example7. py,其代码为:

```
from pyquery import pyquery as pq
print(" ------------指定网页------------")
url ='http://www. jrj. com. cn'
print(" ------------传参数给 pyquery------------")
r =pq( url)
print('打印网页中的 head 标签:\n',r(" head"))
```

该程序首先指定一个网页,然后传给 pyquery 对象,最后打印网页中 head 标签中的内容。

我们可以直接传指定路径的文件名,当然这里的文件通常是一个 html 文件,我们来看下面的例子。

例 2.8 这个例子将说明如何读取一个指定目录下的 html 文件(ch2example8. html)对 pyquery 库进行初始化。然后利用 CCS 选择器提取信息,Python 程序名为 ch2example8. py,其代码为:

```
from pyquery import pyquery as pq
print(" ------------指定文件------------")
with open( r" E:\pachong\kangy\ch2example8. html" ," r" ,encoding =" utf-8" ) as f:
    content =f. read( )
d =pq( content)
```

```
print(" ------------提取信息------------")
print('按 id 选择器提取数据:\n',d('#divid'))
print('按 class 选择器提取数据:\n',d('.list li'))
print('按 element 选择器提取数据::\n',d("a"))
print(d('#divid .list li'))
```

该程序读取指定目录下的 html 文件,并用 CCS 选择器提取网页中的信息,最后打印结果。

2.4.3　BeautifulSoup 解析库

BeautifulSoup 库也是 Python 中的一个解析库,最主要的功能是从 HTML 或 XML 文档中提取相关数据。BeautifulSoup 借助网页的结构和属性等特性来解析网页。有了它,我们不用再去写一些复杂的正则表达式,只需要简单的几条语句,就可以完成对网页中元素的提取。目前,BeautifulSoup 库的主要版本是 Beautiful Soup 4。BeautifulSoup 的安装:pip install bs4。

我们可以通过 Requests 库获取网页中的数据,基本步骤为通过输入网址 URL,获得这个网址所对应的源代码,再用 BeautifulSoup 库获取网页中想要的内容,比如,通过找所对应的标签,然后提取出标签中的内容。

BeautifulSoup 将复杂的 HTML 文档转换成一个复杂的树形结构,每个节点都是 Python 对象,直接调用节点的名称就可以选择节点元素。所以,我们利用 bs4 可以提取一个 HTML 网页中的标签和标签内容,具体做法是使用 bs4 节点选择器(tag)定位所需要的元素。我们通过下面的例子说明 bs4 的 HTML 文本解析和信息提取的使用。

例 2.9　这个例子是用 BeautifulSoup 转换一个 HTML 文档,并提取其中的标签和标签内容。Python 程序名为 ch2example9.py,其代码如下:

```
from bs4 import BeautifulSoup
print(" ------------字符串赋值------------")
html="""
<html><head><title>第二章例2.9</title></head>
<body>
<p class=" title" name=" dromouse" ><b>首都经济贸易大学的学院</b></p>
<p class=" story" >首都经济贸易大学共有两个校区,西校区位于北京丰台区花乡,
<a href=" ggxy. cueb. edu. cn" class=" sister" id=" link2" >管理工程学院</a>and
<a href=" yd. cueb. edu. cn" class=" sister" id=" link3" >继续教育学院 e</a>;
东校区位于北京市朝阳区红庙。</p>
```

```
<pclass =" story" >. . . </p>
</html>"""
soup =BeautifulSoup ( html,' lxml' )
print('格式化输出字符串:\n' ,soup. prettify( ) )
print(" -------------提取信息-------------" )
print('提取标签 title 的信息:' ,soup. title)
print('提取标签 title 的名字:' ,soup. title. name)
print('提取标签 title 之间的内容:' ,soup. title. string)
print('提取标签 p 的信息:' ,soup. p)
print('提取标签 p 的名字:' ,soup. p. name)
print('提取标签 p 之间的内容:' ,soup. p. string)
```

该程序首先初始化了一个 HTML 格式的字符串,并利用 bs4 的函数 prettify( )输出了一个标准的 HTML 文档,最后利用 bs4 节点选择器(tag)提取文档中的信息。

2.5 爬虫例子

在这一节中,我们介绍如何实现一个基本的 Python 爬虫,我们将通过一个例子来说明实现爬虫的基本思路。我们的目标是爬取小说网站 https://www. 17k. com 中的小说。

首先我们要确定需要爬取这个网站的 URL,也就是该网站的详细地址,比如,要爬取的网站地址是 https://www. 17k. com/chapter/3094930/39818657. html,我们的目标是爬取一部小说第 16 章的标题和内容。

例 2. 10   这个例子是用于提取一个网站中小说第 16 章的标题和内容。Python程序名为 ch2example10. py,其代码如下:

```
import re
import requests
from bs4 import BeautifulSoup
html=requests. get(" https://www. 17k. com/chapter/3094930/39818657. html" )
print( html. status_code)
print( html. encoding)
html. encoding =' ISO-8859-1'
soup =BeautifulSoup( html. content,' lxml' )
title =soup. select(' h1' ) [0]. get_text( )
print( title)
```

```
content=soup. select(' div. p') [0]. get_text( )
print( content)
```

2.6　爬虫存取文件介绍

通过爬虫解析后的信息可以以文件存储的方式保留在云服务器或者本地电脑中,文件存储形式可以是多种多样的,比如,可以保存成纯文本形式,通常以后缀 .TXT 表示,也可以保存为 CSV 格式。在本节我们将分别介绍这两种文件格式的读入和写入方式。

2.6.1　TXT 文件存取

TXT 文件可以兼容任何操作系统,如果我们对要保存的爬虫结果数据的检索和数据结构要求不高,就可以采用 TXT 文件格式来保存。接下来我们探讨利用 Python 读写 TXT 文本文件的方法。

2.6.1.1　open( ) 函数

这个函数打开一个文件并返回文件对象,如果该文件无法被打开,会抛出出错信息 OSError,它的用法如下:

```
open( file,mode =' r' , buffering = −1, encoding = None, errors = None, newline = None,
closefd =True,opener =None)
```

参数

　　file:必须填写,文本文件存放的路径,可以是相对路径,也可以是绝对路径。

　　mode:可选择填写,文本文件的打开方式,默认等于"r"。

　　buffering:设置缓冲,默认等于−1。

　　encoding:编码方式,默认为 None。

　　errors:打开文件时的出错信息。

　　newline:换行符,默认等于 None。

　　closefd:参数默认值等于 None。

　　opener:参数默认值等于 None。

　　最常用的使用方法为:

```
open( file,mode =" r" ,encoding =" utf-8" )
```

　　其中 mode 参数选择的含义:

"r"只读模式(默认)。

"w"只写模式,打开后直接清空文件。

"x"新建一个文件的只写模式,如果文件存在则报错。

"a"添加模式,需写文件将被写到文件的末尾。

"b"二进制模式。

"t"文本模式。

"+"可读可写的文件更新模式。

2.6.1.2 read( )函数

对于以可读模式打开的文件,read( )函数逐个字符或逐个字节读取文件中的数据。read( )函数的基本语法格式如下:

```
file. read( size)
```

其中,file 表示已打开的文件对象,size 为可选参数,默认(不填)一次性读取所有数据,指定后一次最多可读取的字符或字节数。

2.6.1.3 write( )函数

该函数用于向文件中写入指定数据,它的用法为:

```
file. write( d)
```

file 表示已打开的文件对象;d 为要写入的数据,可以是字符串 str 型,也可以是二进制 bytes 型。函数返回值为实际写入的数据数,当数据为字符串型时,返回值为写入的 UNIOCODE 字符数,当写入数据为二进制型时,返回值为写入的字节数。

2.6.1.4 close( )函数

该函数用于关闭一个已打开的文件。关闭后的文件不能再进行读写操作,如果对它操作,系统将会抛出 ValueError 错误。该函数无参数,无返回值。

例 2.11 这个例子是将例 2.10 的小说第 16 章的标题和内容的打印改为文本文件存储。Python 程序名为 ch2example11. py,代码如下:

```
import re
import requests
from bs4 import BeautifulSoup
print(" ------------获取网页源码------------" )
html=requests. get(" https://www. 17k. com/chapter/3094930/39818657. html" )
print( html. status_code)
print( html. encoding)
```

```
html. encoding =' ISO-8859-1'
print(" ------------获取网页内容-------------")
soup =BeautifulSoup(html. content,'lxml')
title =soup. select('h1')[0]. get_text()
print(" ------------存文件-------------")
file =open(r"E:\pachong\kangy\chapter16. txt",'a',encoding =' utf-8')
file. write(title+" \n")
content =soup. select(' div. p')[0]. get_text()
file. write(content+" \n")
file. close()
```

在上面的程序中,我们利用 open( ) 函数打开一个文本文件,获取一个文件操作句柄 file,然后利用 file 句柄的 write( ) 函数将提取内容写入文件,最后调用 close( ) 函数将文件关闭,这样抓取的内容就成功写入文本中了。

运行 ch2example11. py 之后,你就会发现在目录 E:\pachong\kangy\之下有个 chapter16. txt 的文本文件,其中的内容就是从网页上爬取的结果。

在以上的讨论中,我们看到,如果用 open( ) 函数打开文件后,你就必须调用 close( ) 去关闭文件对象并且立即释放被文件占用的系统资源。Python 也给我们提供了使用 with 关键字来打开文件的方法,其用法为:

```
with open(' file_name') as f:
```

这时我们不用考虑文件的关闭,也就不需要调用 close( ) 函数。比如,例 2. 11 的最后 4 个语句可以改写为下述 3 条语句:

```
with open(r"E:\pachong\kangy\chapter16. txt") as file:
    file. write(title+" \n")
    file. write(content+" \n")
```

2. 6. 2　CSV 文件读写

虽然纯文本文件的兼容性较好,方便阅读,但文本文件的内容仅仅是一个字符序列,缺少检索和查找功能。CSV 文件是以纯文本形式存储的表格数据,是由多条记录组成的(每行表示 1 条记录),记录间以一种换行符分隔,每条记录由字段组成,字段间的分隔符是其他字符或字符串,最常见的是逗号或其他符号。CSV 文件的所有记录都有完全相同的字段序列。

所以 CSV 的特点是具有纯文本性质,意味着文件是一个字符序列,能够方便查看,不像二进制文件那样只有机器才能读懂。我们可以使用 WORDPAD 或是记事本来开启,或者通过 Excel 打开。

与 Excel 电子表格相比,CSV 中不包含文本处理、数值计算、公式设置等内容,就是特定字符分隔的纯文本,结构简单清晰。所以,有时候用 CSV 来保存数据是比较方便的。CSV 的所有记录都有完全相同的字段序列,CSV 事实上是一个结构化表的纯文本形式。

Python 提供了大量的库,可以对 CSV 进行各种操作,包括数据的写入,这里面又可以分为结构化数据的写入、一维列表数据的写入和二维列表数据的写入,同时还提供 CSV 数据的读取。接下来我们讨论 Python 中对 CSV 文件的读取和写入。

Python 中的 CSV 库提供了一些基本函数,你首先需要导入 CSV 库:import csv。

2.6.2.1 读函数 reader( )

这个函数的调用格式如下:

```
reader(csvfile,dialect=' excel' , ** fmtparams)
```

参数

csvfile:可以是文件对象,但在打开文件时需要加"b"标志参数,或者也可以是列表对象。

dialect:编码风格,默认为 Excel 风格,变量之间用逗号分隔,也支持自定义风格。

fmtparams:格式化参数,用来覆盖之前 dialect 参数指定的编码风格。

2.6.2.2 写函数 writer( )

函数的调用格式如下:

```
writer(csvfile,dialect=' excel' , ** fmtparams)
```

写函数参数的含义与读函数完全相同。

例 2.12 这个例子是先将 3 条记录写入 CSV 文本文件保存,然后再读出并打印。Python 程序名为 ch2example12. py,其代码如下:

```
import csv
data=[
    (" 第一行" ,' 11' ,' 22' ,' 33' ),
    (" 第二行" ,' 55' ,' 66' ,' 77' ),
    (" 第三行" ,' 99' ,' 100' ,' 200' ),
]
print(" ------------写文件------------" )
csv_f=open(r' E:\pachong\kangy\ch2example12. csv' ,' w' ,newline=" )
writer=csv. writer(csv_f)
```

```
for i in data:
    writer. writerow(i)
csv_f. close()
print(" ------------读文件------------")
csv_f1 =open(r'E:\pachong\kangy\ch2example12. csv' ,'r')
reader =csv. reader(csv_f1)
for i   in reader:
    print(i)
csv_f1. close()
```

注意在上述代码中,在读文件或写文件时,打开文件后进行读或写操作后一定要关闭文件。

上述代码中关于读文件的部分,打开文件,调用 csv. reader()读取文件。对于读取之后的文件的内容,要把这些内容打印出来,我们遍历读取的文件的每一行,然后打印。

习题

1. 根据 HTML 的标记,设计一个 HTML 网页。

顶部:去底部(连接)　去指定位置

内容部分:显示多行文本和一张图片

友情链接:A 网站|B 网站|C 网站

　　　　回到顶部|联系我们

将文件后缀存为 HTML 并在浏览器中显示。

2. 根据下述要求,利用 Requests 库设计一个爬虫程序。

(1)定义请求头信息 headers 的参数:

'User-Agent' : ' Mozilla/5. 0 (Windows NT 6. 1; WOW64) AppleWebKit/537. 36 (KHTML, like Gecko) Chrome/63. 0. 3239. 132 Safari/537. 36 QIHU 360SE'

(2)指定 URL,你感兴趣的网页。

(3)发起请求。

(4)获取响应数据。

测试设计好的爬虫程序。

3. 利用 requests_html 库对一个指定网页进行解析。

(1)指定 URL 网址,选择你感兴趣的网页。

(2)查看网页内容,并打印结果。

(3)获取相对路径和绝对路径的连接,并打印结果。

(4)用 XPath 语法来选取 HTML 中的元素。

4. 利用正则表达式获取一个指定网页的数据。

(1)指定 URL 网址,选择你感兴趣的网页。

(2)抓取 title 标签间的内容(<title>(. * ?)</title>),并打印结果。

(3)获取抓取超链接标签间的内容(<a href=URL></a>),并打印结果。

(4)抓取 tr\td 标签间的内容,并打印结果。

(5)获取超链接标签的 URL,并打印结果。

(6)获取图片超链接标签的 URL,并打印结果。

5. 利用 lxml 的 etree 的 HTML 函数把下述字符串解析成 HTML 文档。

    t='''<p>

    <ul>

    <li class="i0"><a href="0. html">item 0</a></li>

    <li class="i1"><a href="1. html">item 1</a></li>

<li class="i2"><a href="2. html">item 2</a></li>

    <li class="i3"><a href="3. html">item 3</a></li>

    <li class="i4"><a href="4. html">item 4</a></li>

<li class="i5"><a href="5. html">item 5</a></li>

    </ul>   </p>'''

6. 利用 Requests 库爬取一个你感兴趣的网页,用 requests_html 库对该网页进行解析并用 XPath 提取下述信息。

(1)表达式'//某标签/@ class',获取<某标签>的所有 class 属性,并打印结果。

(2)表达式'//某标签/a[@ href="link1. html"]',获取<某标签>下 href 为某 link. html 的<a>标签,并打印结果。

(3)表达式'//某标签//span',获取<某标签>下的所有<span>标签,并打印结果。

(4)表达式'//某标签//span',获取<某标签>下的所有<span>标签,并打印结果。

(5)表达式'//某标签/a//@ class',获取<某标签>下的<a>标签里的所有 class,并打印结果。

(6)表达式'//某标签[last( )]/a/@ href'),获取最后一个<某标签>的<a>的 href,并打印结果。

7. 利用 pyquery 库对一个指定网页进行解析并结合 CCS 选择器提取信息。

(1)指定 URL 网址,选择你感兴趣的网页。

(2)用这个 URL 初始化 pyquery 对象。

(3)直接用标签名(任何标签名)来获取所有的该标签的内容,并打印结果。

(4)用 class('. class_name')选择器提取信息,并打印结果。

(5)用 id('#id_name')选择器提取信息,并打印结果。

(6)用 pyquery 对象属性名. attr 提取网页中所有标签 href 的信息,并打印结果。

(7)用 text( )获取被 html 标签包含的文本信息,并打印结果。

8. 利用 Requests 库对一个指定网页进行解析并用 BeautifulSoup 提取信息。

(1)指定 URL 网址,选择你感兴趣的网页。

(2)利用 prettify( )函数查看网页内容,并打印结果。

(3)查询所有 a 标签,并打印结果。

(4)查找所有 a 标签,提取每个 a 标签中 href 属性的值(即链接),并打印结果。

(5)查询所有 a 标签,然后输出所有标签中的"字符串"内容,并打印结果。

9. 根据下述要求完成文本文件的操作。

(1)将列表 l=[['张三','21',' 男','110'],['李四','20','女','95'],['王五','22',' 男','120']]写入文件名为 student. txt 的一个文本文件。

(2)分别用 read( )和 readlines( )读取 student. txt 的所有内容,并打印结果。

(3)用 readline( )方法逐行读取 student. txt 文件,并打印结果。

(4)用 read(size)方法每次读取 8 个字节,并打印结果。

(5)将数据['陈六','23','女','100']追加到 student. txt 文件的最后一行,并打印结果。

10. 根据下面的数据:

```
data = [
    {'PL':'1.3','SL':'5.1','PW':'0.2','SW':'3.5','S':'A'},
    {'PL':'1.6','SL':'5.9','PW':'0.3','SW':'3.6','S':'B'},
    {'PL':'1.2','SL':'5.7','PW':'0.2','SW':'3.2','S':'B'},
    {'PL':'1.3','SL':'5.6','PW':'0.3','SW':'3.1','S':'A'}
]
```

表头

```
header = ['PL','SL','PW','SW','S']
```

按要求完成 CSV 文件的操作。

(1)将表头 header 写入文件名为 212. csv 的文件中。

(2)将数据 data 用批量方式写入 212. csv 的表头下面。

(3)将数据 data 用逐行方式写入 212. csv 的表头下面。

(4)将 212. csv 中内容逐行读取,并打印结果。

(5)将 212. csv 中内容读入一个字典中,并打印结果。

3 爬虫框架

本章提要

1. 能够理解 Scrapy 架构中的主要组件的工作原理，了解各组件之间的相互作用关系，掌握 Scrapy 类的主要属性和函数。

2. 熟练掌握创建 Scrapy 爬虫的基本步骤，包括建立一个 Scrapy 爬虫工程并能够理解工程目录中的所有文件，能在工程中产生一个 Scrapy 爬虫，能够修改和配置符合自己要求的爬虫，及运行爬虫来爬取目标网页。

3. 能够修改 Scrapy 框架自动生成的基本模板来满足自己爬取目标网页的要求，这些模板包括爬虫模板——items. py，pipelines. py 和 settings. py 等文件。

4. CrawlSpider 类继承于 Spider，是 Spider 的一个子类。它除了继承到 Spider 的特性和功能外，还派生出自己独有的特性和功能。它比之前的 Spider 增加了新的功能，最显著的功能就是链接提取器（LinkExtractor）。通过这个提取器定义一个 URL 页面的爬取规则。

5. 能够熟练使用链接提取器 LinkExtractor，能够通过设置 allow 参数来定义正则表达式从网页中提取链接、标签、文本等信息。

6. 能够修改 CrawlSpider 框架自动生成的基本模板来满足自己爬取目标网页的要求，这些模板包括 spiders 目录下的爬虫模板——items. py，pipelines. py 和 settings. py 等文件。

我们为什么需要爬虫框架？我们得先讨论什么是框架。首先，一个框架是实现业界标准的组件规范，比如大家使用的 Pycharm 开发规范。其次，框架还能提供其他基础功能帮助我们快速开发，比如组件和模块的规范化。

Python 爬虫框架的规范是什么？所谓爬虫框架就是对爬虫流程规范的实现和组件化。在第二章的讨论中，我们看到一个非常简单的小型爬虫(参见例 2.9)，我们是直接使用 Requests 库结合 BeautifulSoup 解析库就完成了。对于大型的爬虫面临的需求，比如爬取一个或多个 URL 中的所有网页，我们就需要使用框架，主要是便于管理和扩展等。

我们已经了解设计爬虫的基本流程为请求、响应、解析和存储等基本步骤。爬虫框架可以作为爬虫程序的控制中心将它们结合起来。我们会发现爬虫框架让我们更加方便地设计爬虫。通常框架中的各种参数都已经预先设置好，我们只需要改动部分参数，就能做到事半功倍。

3.1 Scrapy 框架与 Spider 类

Scrapy 框架是用 Python 语言实现的，它是一个为了爬取网站数据，提取结构性数据而编写的应用框架。它被广泛应用在数据挖掘、信息处理或存储历史数据的解决方案中，属于通用的网络爬虫。

利用 Scrapy 框架的优势在于，我们只需要定制开发几个模块就可以实现一个网络爬虫，用来抓取网页上的文字信息或图片。Scrapy 可以在 Python 3.3 或更高版本上运行。关于 Scrapy 的安装和使用，请参考其官网 https://scrapy.org/

3.1.1 Scrapy 框架

我们简单介绍 Scrapy 架构中的主要组件。

(1)引擎组件(ScrapyEngine)，负责控制数据流在系统中所有组件中的流动。这个组件相当于爬虫的中枢神经，可以看成是整个爬虫的调度中心。

(2)调度器组件(Schedule)，它接收从引擎发过来的请求，并将它们安排在队列中。具体由调度器管理初始 URL 和后续在页面里爬到的待爬取 URL，将它们放入调度器中，等待被爬取。同时，调度器还能够自动去掉重复的 URL。

(3)下载器组件(Downloader)，它负责获取页面数据，并提供给引擎，然后提供给 Spider 组件。

(4)爬虫组件(Spider)，提供用户编写用于分析请求并定义项目(item)，并将额外跟进的 URL 提交给引擎组件，后者将其发送给调度器组件。每个爬虫组件负责处理一个或多个特定网站。

(5)项目管道组件(ItemPipeline),负责处理被爬虫组件提取出来的 item。页面被爬虫解析后的数据被存入 Item 之中,然后将被发送到管道组件。

(6)下载中间件组件(DownloaderMiddlewares),它是在引擎和下载器之间的特定钩子,处理两者之间的请求和响应。它提供了一个简单的机制,通过插入自定义代码来扩展 Scrapy 功能。通过设置下载中间件组件实现爬虫自动更换 User-Agent 和 IP 等。

(7)Spider 中间件组件(SpiderMiddlewares),它是在引擎组件和 Spider 组件之间的特定钩子,处理 Spider 的响应和输出(项目或请求),提供了插入自定义代码来扩展 Scrapy 的功能。

3.1.2 Scrapy 类的属性和函数

在 Scrapy 框架中,Spider 是其最基本的类,也是最核心的类,所有爬虫的编写必须继承这个类。它定义了如何爬取一个网站的流程和解析方式。主要来讲,Spider 类要做的工作就是如下两部分:一是定义爬取网站的动作,二是解析和处理爬取下来的网页。

所以,Spider 类定义了如何爬取一个或多个网站,既包括爬取的动作,也包括如何从网页的内容中提取结构化数据(由 item 定义)。我们来分析 Spider 类在爬取网站时的循环过程。首先,用一个选定的 URL 来初始化 HTTP 请求,同时设置回调函数。当请求成功返回时,响应将被生成并传递参数给这个回调函数。在回调函数内解析返回的网页内容。对它们的处理或是保存或是解析,得到下一个链接(新的 URL),可以利用此链接再构造一个请求并设置新的回调函数。通过这种循环进行,爬虫将完成对站点的爬取。

在 Scrapy 框架中,Spider 继承自 scrapy. Spider 类。这个类是最基本的 Spider 类,其他 Spider 属性或方法必须继承这个类。随后我们将发现一些特殊 Spider 类也都是继承自它。

Spider 就是我们定义爬取动作和分析网页的地方。Spider 这个类提供了 start_requests()函数的默认实现,读取并请求 start_urls 属性,并根据返回的结果调用 parse()方法解析结果。

我们来看看它的一些基本属性和函数。

3.1.2.1 属性

name:是定义爬虫名称的字符串。Spider 的名字定义了爬虫如何定位并初始化 Spider,名称必须是唯一的。名称是 Spider 的重要属性。如果我们用 Spider 爬取某个网站,一种方法是用网站的域名来命名 Spider。比如,我们用 Spider 爬取 www. cueb. edu. cn,这个 Spider 通常会被命名为 cueb。

allowed_domains:允许爬取的域名,是可选配置,不在此范围的链接不会被跟进爬取。

start_urls:它是初始 URL 列表,爬虫程序默认将会从这个列表按顺序开始抓取。

3.1.2.2　函数

start_requests():该函数用于生成初始请求,它必须返回一个对象。它会默认使用 start_urls 里面的 URL 来构造请求,且请求方式是 GET。如果我们想在启动时以 POST 方式访问某个站点,可以直接重写这个方法,发送 POST 请求时使用 Form-Request 即可。

make_requests_from_url():遍历 urls,生成多个请求。

parse():当响应没有指定回调函数时,它会被默认调用。该方法负责处理响应和返回结果,并从中提取想要的数据和进行下一步的 URL 请求。

closed():当关闭爬虫程序时,我们将调用该方法,在这里一般会定义释放资源的一些操作或其他收尾操作。

关于 Spider 类其他更多的属性和函数或子类,大家可以访问网站 https:// docs. scrapy. org/en/latest/topics/spiders. html,来了解更多信息。

我们来讨论 Spider 类用到的函数及它们的调用顺序。首先,函数__init__()用于初始化爬虫名字和 start_urls 列表。其次,start_requests()函数调用 make_requests_from url()函数生成请求对象交给 Scrapy 下载并返回响应。最后,parse()函数解析响应,并返回到 Item。一直进行循环,直到处理完所有的数据为止。

3.1.3　Scrapy 爬虫框架的产生

那么我们如何通过 Scrapy 框架来产生和管理爬虫?利用 Scrapy 框架来产生我们需要的爬虫框架主要包括以下几个步骤。

步骤 1:建立一个 Scrapy 爬虫工程。

步骤 2:在工程中产生一个 Scrapy 爬虫。

步骤 3:配置 Spider 爬虫。

步骤 4:运行爬虫,爬取网页。

在 window 的 cmd 命令后,选择一个盘符,进入你需要的目录中,这里以目录 E:\pachong\kangy 为例来说明上述 4 个步骤。

步骤 1　创建一个 Scrapy 爬虫工程的命令为:

```
scrapy startproject  <工程名>  [目录名]
```

注意工程名和目录名可以相同,只输入工程名不输入目录名,系统将默认目录名与工程名相同。如果我们设定这个爬虫工程的名字为 ch3demo,那么我们就在目录 E:\pachong\kangy 中输入命令:

```
scrapy startproject ch3demo
```

屏幕上将显示:

```
You can start your first spider with:
cd ch3demo
scrapy genspider example example.com
```

提示爬虫工程创建成功,注意,这时目录名就被默认为与工程名相同,那么在进入爬虫工程目录 E:\pachong\kangy\ch3demo 之后,我们能看到:

```
2020/03/08   13:49   <DIR>          ch3demo
2020/10/07   15:56              257 scrapy.cfg
```

其中:

文件 scrapy.cfg 为部署 Scrapy 爬虫的配置文件。

目录 ch3demo 为 Scrapy 框架的用户自定义 Python 代码。

继续进入目录 E:\pachong\kangy\ch3demo\ch3demo 后,我们能看到:

```
2020/10/07   15:56              288 items.py
2020/10/07   15:56            3,599 middlewares.py
2020/10/07   15:56              289 pipelines.py
2020/10/07   15:56            3,093 settings.py
2020/03/08   13:49   <DIR>          spiders
2020/03/08   13:48                0 __init__.py
2020/03/08   13:49   <DIR>          __pycache__
```

其中:

__init__.py 为初始化脚本,不需要用户编写。

items.py 为 Items 代码模板。

middlewares.py 为 Middlewares 代码模板。

pipelines.py 为 Pipelines 代码模板。

settings.py 为 Scrapy 爬虫的配置文件。

目录 spiders 为 Spiders 代码模板目录。

目录 __pycache__ 为缓存目录,不需要用户编写。

步骤 2　在工程中产生一个 Scrapy 爬虫的命令：

scrapy genspider 　<爬虫名>　<爬虫网址>

我们可以在目录 E：\pachong\kangy\ch3demo\ch3demo 下输入命令：

scrapy genspider jrj "jrj. com. cn/"

其中，jrj 为爬虫名，"http：//www. jrj. com. cn/"为这个爬虫的目标 URL。
这时屏幕的显示为：

Created spider' jrj' using template' basic' in module：
　ch3demo. spiders. jrj

也就是在 spiders 目录下自动创建了一个爬虫：

2020/10/07	17：48		235 jrj. py
2020/03/08	13：48		161 __init__. py
2020/10/07	17：48	<DIR>	__pycache__

从上可以看到爬虫的名字为 jrj. py，它的代码为：

```
#- * -coding：utf-8- * -
import scrapy
class JrjSpider（ scrapy. Spider）：
name =' jrj'
allowed_domains =［' http：//jrj. com. cn/' ］
start_urls =［' http：//www. jrj. com. cn//' ］
def parse（ self，response）：
    pass
```

这段代码是由系统自动产生的模板，我们来解释这段代码。首先爬虫是继承
scrapy. Spider 类，它包含基本属性和函数，分别为：

属性 name =' jrj' 表示当前爬虫名字为 jrj。

属性 allowed_domains ='' 表示爬取该网站域名以下的链接，该域名是在创建爬
虫时由 cmd 命令行输入的' jrj. com. cn/' 。

start_urls =［ ］为爬取的初始页面，这里为' http：//www. jrj. com. cn//' 。

函数 parse（ ）用于处理服务器响应，解析网页内容并将数据存成字典格式，然
后发现新的 URL 爬取请求。

步骤 3　修改这个系统产生的 spider 爬虫，使之满足我们的具体需求。接下来
我们对它做简单修改，即将解析的页面信息保存到一个文本文件中。这步的主要
工作是修改 jrj. py 中的函数 parse（ ），修改后的 jrj. py 为：

```
# * -coding:utf-8- * -
import scrapy
class JrjSpider(scrapy. Spider):
    name =' jrj'
    allowed_domains =[' jrj. com. cn/' ]
    start_urls =[' http://www. jrj. com. cn//' ]
    def parse(self,response):
        with open('E:\pachong\kangy\ch3demo\ch3demo\spiders\jrj. txt',
            'w',encoding =' utf-8' ) as f:
            f. write(response. text)
        pass
```

步骤4 在运行爬虫之前,我们需要设置 settings. py 文件,它也是由系统自动产生的,在目录 E:\pachong\kangy\ch3demo\ch3demo 下面。

首先,需要在 settings 文件中添加 USER_AGENT,下面给出一些常见的 user_agent。

"Mozilla/4. 0(compatible;MSIE 6. 0;Windows NT 5. 1;SV1;AcooBrowser;. NET CLR 1. 1. 4322;. NET CLR 2. 0. 50727)",

"Mozilla/4. 0 (compatible;MSIE 7. 0;Windows NT 6. 0;Acoo Browser;SLCC1;. NET CLR 2. 0. 50727;Media Center PC 5. 0;. NET CLR 3. 0. 04506)",

"Mozilla/4. 0(compatible;MSIE 7. 0;AOL 9. 5;AOLBuild 4337. 35;Windows NT 5. 1;. NET CLR 1. 1. 4322;. NET CLR 2. 0. 50727)",

"Mozilla/5. 0(Windows;U;MSIE 9. 0;Windows NT 9. 0;en-US)",

"Mozilla/5. 0(compatible;MSIE 9. 0;Windows NT 6. 1;Win64;x64;Trident/5. 0;. NET CLR 3. 5. 30729;. NET CLR 3. 0. 30729;. NET CLR 2. 0. 50727;Media Center PC 6. 0)",

"Mozilla/5. 0 (compatible;MSIE 8. 0;Windows NT 6. 0;Trident/4. 0;WOW64;Trident/4. 0;SLCC2;. NET CLR 2. 0. 50727;. NET CLR 3. 5. 30729;. NET CLR 3. 0. 30729;. NET CLR 1. 0. 3705;. NET CLR 1. 1. 4322)",

"Mozilla/4. 0(compatible;MSIE 7. 0b;Windows NT 5. 2;. NET CLR 1. 1. 4322;. NET CLR 2. 0. 50727;InfoPath. 2;. NET CLR 3. 0. 04506. 30)",

"Mozilla/5. 0 (Windows; U; Windows NT 5. 1; zh-CN) AppleWebKit/523. 15 (KHTML,like Gecko,Safari/419. 3) Arora/0. 3(Change:287 c9dfb30)",

"Mozilla/5. 0 (X11; U; Linux; en-US) AppleWebKit/527 + (KHTML, like Gecko, Safari/419. 3) Arora/0. 6",

" Mozilla/5. 0 (Windows ; U ; Windows NT 5. 1 ; en-US ; rv : 1. 8. 1. 2pre) Gecko/
20070215 K-Ninja/2. 1. 1 " ,

" Mozilla/5. 0 (Windows ; U ; Windows NT 5. 1 ; zh-CN ; rv : 1. 9) Gecko/20080705
Firefox/3. 0 Kapiko/3. 0 " ,

" Mozilla/5. 0 (X11 ; Linux i686 ; U ;) Gecko/20070322 Kazehakase/0. 4. 5 " ,

" Mozilla/5. 0 (X11 ; U ; Linux i686 ; en-US ; rv : 1. 9. 0. 8) Gecko Fedora/1. 9. 0. 8-
1. fc10 Kazehakase/0. 5. 6 " ,

" Mozilla/5. 0 (Windows NT 6. 1 ; WOW64) AppleWebKit/535. 11 (KHTML , like
Gecko) Chrome/17. 0. 963. 56 Safari/535. 11 " ,

" Mozilla/5. 0 (Macintosh ; Intel Mac OS X 10_7_3) AppleWebKit/535. 20 (KHT-
ML , like Gecko) Chrome/19. 0. 1036. 7 Safari/535. 20 " ,

" Opera/9. 80 (Macintosh ; Intel Mac OS X 10. 6. 8 ; U ; fr) Presto/2. 9. 168 Version/
11. 52 " ,

我们可以从它们中任意选择一个作为 setting 文件中的 USER_AGENT。

其次,我们要修改 settings 文件中的机器人协议和 cookie,具体修改方式如下。

ROBOTSTXT_OBEY = False
COOKIES_ENABLED = False

最后,在 settings 文件中设置延迟:

DOWNLOAD_DELAY = 3

运行爬虫,获取网页,运行爬虫的命令为:

```
scrapy crawl    <爬虫名>
```

运行时,如果想不显示系统日志(log)就在上面的命令加选项--nolog:

```
scrapy crawl<爬虫名>--nolog
```

如果将日志输出到一个 json 格式的文件中,加选项-o<爬虫名>_log. json:

```
scrapy crawl<爬虫名>-o<爬虫名>_log. json
```

我们来运行这个爬虫,在工程目录 E : \pachong\kangy\ch3demo 下输入命令:

```
scrapy crawl jrj
```

则运行的结果是将目标网页的源代码保存到 jrj. txt 文件中。

3. 1. 4 Scrapy 爬虫框架的信息提取

我们知道网络爬虫的主要任务就是从非结构化的数据源中提取出结构化的数

据。为了将字段进行完整的格式化,Scrapy 为我们提供了 Item 类,这些 Item 类可以让我们自己来指定字段。在目录 E:\pachong\kangy\ch3demo\ch3demo 下有系统生成默认的 itms. py,它的内容为:

```
#- * -coding:utf-8- * -
# Define here the models for your scraped items
# See documentation in:
# https://docs. scrapy. org/en/latest/topics/items. html
import scrapy
class Ch3DemoItem( scrapy. Item):
    # define the fields for your item here like:
    # name =scrapy. Field()
    pass
```

具体来说可以在 items. py 中设置保存爬取数据。比如说我们打算获取一个网页中的标题(title)和链接(URL),我们只需要在 items. py 中添加:

```
title =scrapy. Field()
url =scrapy. Field()
```

Scrapy 提供的 item pipeline 类的主要作用是清理网页上的数据,验证爬取的数据和去重,并将爬取的结果保存到数据库或文件中。

在 E:\pachong\kangy\ch3demo\ch3demo 目录下,我们可以看到由系统产生的默认 pipelines. py,其内容为:

```
#- * -coding:utf-8- * -
# Define your item pipelines here
# Don't forget to add your pipeline to the ITEM_PIPELINES setting
# See:https://docs. scrapy. org/en/latest/topics/item-pipeline. html
class Ch3DemoPipeline( object):
    def process_item( self,item,spider):
        return item
```

比如说,通过修改 pipelines. py,我们可以将 item 中定义的数据写入 json 文件中,修改后的代码如下:

```
#- * -coding:utf-8- * -
# Define your item pipelines here
# Don't forget to add your pipeline to the ITEM_PIPELINES setting
# See:https://docs. scrapy. org/en/latest/topics/item-pipeline. html
```

```
import json
class Ch3DemoPipeline(object):
    def __init__(self):
        self.fp=open("jrj.json","wb")
    def process_item(self,item,spider):
        line=json.dumps(dict(item))+"\n"
        self.file.write(line)
        return item
```

例 3.1 介绍了如何创建 Scrapy 爬虫,通过修改 Scrapy 的模板来爬取 http://www.pcbookcn.com/article/1_1.htm 中的书籍名称、发布日期、人气指标的内容,并将它们存入文件中。

例 3.1 利用爬虫模板构造一个爬虫程序。目标是爬取 www.pcbookcn.com 网站的内容,并将获取的信息存入文件。

我们首先用 Scrapy 框架构建一个爬虫。在目录 E:\pachong\kangy 下创建爬虫项目(爬虫项目名与爬虫目录名相同):

scrapy startproject ch3example1

然后在目录 E:\pachong\kangy\ch3example1\ch3example1 下产生名为 cueb 的爬虫:

scrapy genspider cueb" pcbookcn.com/"

最后,我们分别修改爬虫模板 cueb.py, settings.py, items.py 和 pipelines.py 以达到我们的爬取目标。修改 items.py 如下:

```
#-*-coding:utf-8-*-
# Define here the models for your scraped items
# See documentation in:
# https://docs.scrapy.org/en/latest/topics/items.html
import scrapy
class Ch3Example1Item(scrapy.Item):
    # define the fields for your item here like:
    title=scrapy.Field()
    rq=scrapy.Field()
    rqz=scrapy.Field()
    pass
```

可以看到,我们定义了存放书籍标题的字段、存放书籍上线日期的字段和存放书籍评分的字段。

当 Item 被爬虫类 Spider 收集之后,就会被传递到 Item Pipeline 中进行处理。修改后的 pipelines. py 内容为:

```
#- * -coding：utf-8- * -
# Define your item pipelines here
# Don't forget to add your pipeline to the ITEM_PIPELINES setting
# See：https：//docs. scrapy. org/en/latest/topics/item-pipeline. html
import json
class Ch3Example1Pipeline( object )：
    def open_spider( self,spider )：
        self. file =open(" cueb_result. txt" ," w" ,encoding =' utf-8' )
            def process_item( self,item,spider )：
        line =json. dumps( dict( item ) ,ensure_ascii =False) + " \n"
        self. file. write( line )
        return item
    def open_close( self,spider )：
        self. file. close( )
```

对 pipelines. py 的修改部分包括打开一个文本文件 cueb_result. txt,将收到的 item 转换为 json 格式后再写入文本文件中,最后关闭文件。

修改 settings. py 配置文件中 ITEM_PIPELINES 的配置参数:

```
ITEM_PIPELINES ={
    ' ch3example1. pipelines. Ch3example1Pipeline' ：300,
}
```

pipeline 后面有一个数值,这个数值的范围是 0~1 000,这个数值确定了它们的运行顺序,数字越小越优先执行。

修改后的爬虫程序 cueb. py 如下:

```
#- * -coding：utf-8- * -
import scrapy
from . . items import Ch3Example1Item
from . . pipelines import Ch3Example1Pipeline
class CuebSpider( scrapy. Spider )：
name =' cueb'
allowed_domains =[ ' pcbookcn. com/' ]
start_urls =[ ' http：//www. pcbookcn. com/article/1_1. htm' ]
```

```
def parse(self,response):
    item=Ch3Example1Item()
    item['title']=response. xpath("//.//div/table[1]/tbody/tr/td/a[2]
                                  /text()"). extract()
    item['rq']=response. xpath("//div/table[1]/tbody//td[2]/text()"). extract()
    item['rqz']=  response. xpath("//./div/table[1]//td[3]/text()"). extract()
    yield item
```

对爬虫程序 cueb. py 的修改主要是利用 xpath 提取书的标题、发布日期和评分值。

我们在项目目录 C:\Users\kangyue\Ch3example1 下执行下述命令：

scrapy crawl cueb

运行结果将把爬取的内容存放在文本文件 cueb_result. txt 中,该文本的前 3 本书的信息为：

```
{"如何查看网站同时在线人数","2011-8-3","8751"}
{"Notice:Undefined variable 怎么办","2010-10-13","1205"}
{"Invalid procedure call or argument:Chr 如何解决呢","2010-9-16","4677"}
```

3.2　Scrapy 框架与 CrawlSpider 类

虽然 Spider 是所有爬虫的基类,但它只能够爬取 start_url 列表中的网页,而如果从爬取到的网页中根据提取到的 URL 进行继续的爬取工作,我们就要使用基于 CrawlSpider 类的爬虫。

3.2.1　CrawlSpider 类的特点

CrawlSpider 类继承于 Spider,是 Spider 的一个子类。它除了继承到 Spider 的特性和功能外,还派生出自己独有的特性和功能。它比之前的 Spider 增加了新的功能,最显著的功能就是链接提取器(LinkExtractor)。通过这个提取器来定义 URL 的爬取规则。在实践中,通过定义一组规则能够为跟踪链接提供有用机制,所以它是抓取一般网页的最常用的爬虫之一。

Crawl 类除了继承 Spider 类的属性(name,allow_domains)之外,还具有一些独特的属性,我们对其进行介绍。

3.2.1.1　LinkExtractor

LinkExtractor 是链接提取器。它的作用是提取响应(response)中符合规则的链

接(Link),并返回一个 scrapy. link. Link 对象。LinkExtractor 的结构为:

```
LinkExtractor(
    allow=r' Items/',
    deny=xxx,
    restrict_xpaths=xxx,
    restrict_css=xxx,
    deny_domains=xxx,
)
```

参数

allow:满足括号中正则表达式的值会被提取,如果为空,则全部匹配。

deny:满足正则表达式的则不会被提取。

restrict_xpaths:满足 xpath 表达式的值会被提取。

restrict_css:满足 css 表达式的值会被提取。

deny_domains:一定不会被提取的链接 domains。

3.2.1.2 属性 Rule

支持一个或多个爬取规则的列表。每个规则定义用于爬取网页的特定行为。如果出现了多个规则匹配同一个链接,则根据它们在此属性中定义的顺序使用第一个规则。Rule 的结构为:

```
class scrapy. spiders. Rule(
    link_extractor,
    callback=None,
    cb_kwargs=None,
    follow=None,
    process_links=None,
    process_request=None
)
```

参数

link_extractor:定义了如何从网页中提取链接。

callback:字符类型,回调函数。

cb_kwargs:字典类型,包含要传递给回调函数的参数。

follow:布尔值类型,指定是否跟踪链接。

process_links:指定处理函数,获得链接后调用该方法,主要用于过滤。

process_request:指定处理函数,获得请求时将被调用,并且必须返回请求或

None。

对于 Rule 参数,爬虫对 Rule 提取的链接会自动调用 parse 函数,并返回该链接的响应,然后将这个响应传给回调函数,通过回调函数的解析对 item 进行填充。

我们分析基于 CrawlSpider 类的爬虫的整体爬取流程。首先,爬虫文件根据起始 URL,获取该 URL 的网页内容。其次,链接提取器会根据指定提取规则将上一步网页内容中的链接进行提取。再次,规则解析器会根据指定解析规则将链接提取器提取到的链接中的网页内容根据指定的规则进行解析。最后,将解析数据封装到 item 中,然后提交给管道(pipeline)进行存储管理。

3.2.2 CrawlSpider 类的创建

我们介绍如何在 Crawl Scrapy 框架下构建爬虫,首先需要创建一个新的基于 Crawl Scrapy 的爬虫项目。创建 Scrapy 工程:

scrapy startproject <工程名>

创建爬虫文件:

scrapy genspider -t crawl <爬虫名> www. xxx. com

创建 Scrapy 工程的命令没有变化,创建爬虫命令对比以前的命令多了"-t crawl",表示要创建的爬虫文件是基于 CrawlSpider 这个类的,而不再是 Spider 这个基类。

我们来演示创建基于 CrawlSpider 类的爬虫,首先在目录 C:\pachong\kangy 下建立一个爬虫工程:

scrapy startproject ch3crawldemo

这一步与创建基于 Spider 类的爬虫是一样的。这时爬虫工程名和爬虫目录名都是 ch3crawldemo。

第二步我们在这个工程目录中创建一个基于 CrawlSpider 类的爬虫,我们进入目录 C:\pachong\kangy\ch3crawldemo\ch3crawldemo 创建爬虫,同时指定将要爬取的域名,创建命令如下:

scrapy genspider -t crawl cuebcrawl" cueb. edu. cn"

其中,cuebcrawl 为爬虫名,"cueb. edu. cn"为爬虫的域名。注意在上面命令中,相比基于 Spider 类的爬虫创建,这里多了一个"-t crawl"参数,这就是基于 Crawl Spider 类的爬虫。

爬虫文件 cuebcrawl 在目录 C:\pachong\kangy\ch3crawldemo\ch3crawldemo\

spiders 下,是由系统自动生成的一段代码,我们观察这个爬虫文件:

```
#- * -coding:utf-8- * -
import scrapy
from scrapy. linkextractors import LinkExtractor
from scrapy. spiders import CrawlSpider,Rule
class CuebcrawlSpider(CrawlSpider):
name =' cuebcrawl'
allowed_domains =['cueb. edu. cn']
start_urls =['http://cueb. edu. cn/']
rules =(
    Rule(LinkExtractor(allow =r'Items/'),callback ='parse_item',follow =True),
)
def parse_item(self,response):
    item ={ }
    #item['domain_id'] =response. xpath('//input[@id =" sid"]/@value'). get()
    #item['name'] =response. xpath('//div[@id =" name"]'). get()
    #item['description'] =response. xpath('//div[@id =" description"]'). get()
    return item
```

代码的第二、三行导入 CrawlSpider 相关模块,第五行表示该爬虫程序是基于 CrawlSpider 类的,函数 parse_item 中定义了提取 Link 的规则。CrawlSpider 类和 Spider 类的最大区别是 CrawlSpider 多了一个 rules 属性,其作用是定义"提取动作"。在 rules 中可以包含一个或多个 Rule 对象,在 Rule 对象中也包含了 LinkExtractor 对象。我们可以认为 Rule 属性是这个爬虫的核心。

CrawlSpider 类的 items. py, pipelines. py 和 settings. py 的使用是与 Spider 类完全相同的,在使用 CrawlSpider 类时,我们的重点是在基于 CrawlSpider 的爬虫的程序上。

3.2.3 CrawlSpider 类的应用

在完成创建一个 CrawlSpider 工程之后,系统将提供我们一个 CrawlSpider 爬虫框架并产生一系列文件,其内容都是系统默认提供的模板内容。如果我们要建立起自己的应用,就需要对这些爬虫文件和其他相关文件进行修改。

我们通过一个例子来说明基于 CrawlSpider 框架下的爬虫应用,假设我们设定爬取目标网站为 https://www. winxuan. com/cms/novel,爬取内容为该网站上的所有链接标题和 URL。

例3.2　创建名字为 ch3example2 的 CrawlSpider 工程,并设定所创建的目录名与工程名相同。爬取页面 https://www.winxuan.com/cms/novel 上所有链接名称和对应的 URL。

我们首先创建工程:

```
scrapy startproject ch3example2
```

然后创建爬虫:

```
scrapy genspider -t crawl cuebcrawl" winxuan. com/cms/novel"
```

系统将创建一个爬虫名为 cuebcrawl. py 的模板,我们只需要对这个模板进行修改和添加相关内容:

```
# - * -coding:utf-8- * -
import scrapy
from scrapy. linkextractors import LinkExtractor
from scrapy. spiders import CrawlSpider,Rule
from. . items import Ch3Example2Item
import requests
from bs4 import BeautifulSoup
class CuebcrawlSpider(CrawlSpider):
    name =' cuebcrawl'
    allowed_domains =[' winxuan. com' ]
    start_urls =[' http://www. winxuan. com/cms/novel/' ]
    rules = (
        Rule( LinkExtractor( allow=r'/. * ? ' ),callback=' parse_item' ,follow=True),
    )
def parse_item( self,response):
    item=Ch3Example2Item( )
    item[' title' ] =response. xpath( '//title/text( )' ). extract_first( )
    item[' url' ] =response. url
    yield item
```

在上述的 Python 代码中,我们修改 rule( ) 函数中的 allow = r'/. * ? ' 使得满足这个"/. * ?"的值将会被提取。然后修改 parse_item( ) 函数中爬虫的爬取对象,分别为:

```
item[' title' ] =response. xpath( '//title/text( )' ). extract_first( )
item[' url' ] =response. url
```

对文件 items. py 的修改如下：

```
#- * -coding:utf-8- * -
# Define here the models for your scraped items
# See documentation in:
# https://docs. scrapy. org/en/latest/topics/items. html
import scrapy
class Ch3Example2Item(scrapy. Item):

    # 这里定义了要爬取的连接标题和 URL:
    title = scrapy. Field()
    url = scrapy. Field()
```

文件 pipelines. py 的修改如下：

```
#- * -coding:utf-8- * -
# Define your item pipelines here
# Don't forget to add your pipeline to the ITEM_PIPELINES setting
# See:https://docs. scrapy. org/en/latest/topics/item-pipeline. html
from itemadapter import ItemAdapter
import json
import csv
class Ch3Example2Pipeline(object):
    def __init__(self):
        self. fp =open("cueb. csv","w",newline="")
        self. fieldnames =["title","url"]
        self. writer =csv. DictWriter(self. fp,fieldnames =self. fieldnames)
        self. writer. writeheader()
    def process_item(self,item,spider):
        if item. __class__. __name__ =='CuebspiderItem':
            pass
        else:
            pass
        self. writer. writerow(item)
        return item
    def close_spider(self,spider):
        self. fp. close()
```

由于文件 settings. py 的修改与基于 Spider 类的模板完全一样，因此这里不再讨论。

表 3.1 给出了部分爬取结果。

表 3.1　部分爬取结果

连接标题	url
百货频道首页-文轩网	https://www.winxuan.com/mall
文轩网_全部分类_图书	https://www.winxuan.com/catalog_ebook.html
九月网-电子书下载阅读-文轩网电子书频道	https://ebook.winxuan.com
文轩网_全部分类_百货	https://www.winxuan.com/catalog_mall.html
文轩网_全部分类_音像	https://www.winxuan.com/catalog_media.html
登录	https://passport.winxuan.com/signin
文轩网购物车	https://www.winxuan.com/front/cart
文轩网_全部分类_图书	https://www.winxuan.com/catalog_book.html
音像频道首页-文轩网	https://www.winxuan.com/media

习题

1. 根据创建 Scrapy 框架爬虫的基本步骤,创建一个工程名为 ch3excise1 的爬虫,并完成:

(1)设置爬虫目录名与工程名相同。

(2)选择一个你感兴趣的电影或图书网站,爬取书名(电影名)、作者(导演)、内容介绍(评分)。

(3)利用 genspider 参数定义名称为 excise1 的爬虫,并与你感兴趣网站的某个网页绑定。

(4)修改 setting.py 满足你的爬虫。

(5)修改 item.py 定义将要爬取数据的结构。

(6)修改 pipelines.py 文件,并将爬取目标网页上的所有内容都保存到一个文本文件中。

(7)修改爬虫 excise1 并通过 xpath 提取目标网页上的数据。

2. 按照创建基于 Crawl Scrapy 框架爬虫的基本步骤,创建一个工程名为 ch3excise2 的爬虫,并完成:

(1)设置爬虫目录名与工程名相同。

(2)选择一个你感兴趣的电影或图书网站,爬取书名(电影名)、作者(导演)、内容介绍(评分)。

(3)利用 genspider 参数定义名称为 excise2 的爬虫,并与你感兴趣网站的某个网页绑定。

(4)修改链接提取器 LinkExtractor，并根据指定提取规则对当前网页内存在的链接进行进一步提取。

(5)修改 setting. py 满足你的爬虫。

(6)修改 item. py 定义将要爬取数据的结构。

(7)修改 pipelines. py 文件，并将爬取目标网页上的所有内容都保存到一个文本文件中。

(8)修改爬虫 excise2 并通过 xpath 提取目标网页上的数据。

4 大数据存储技术

本章提要

1. JSON 文件是一种轻量级的数据传输格式，而不是一门编程语言，它是一种独立于程序的文本，用于存储和表示数据。

2. 掌握并熟练使用 JSON 库的函数：dumps，dump，loads 和 load，对数据进行 JSON 格式的编码和解码。

3. 创建数组时的各种初始化函数。当我们创建数组时，利用这些初始化函数将方便我们对数组赋值。

4. 索引和切片。索引能够帮助我们获取数组中特定位置的元素，而切片则能够获取数组元素的子集。

5. 算数运算。算数运算是数学上的向量运算，能够帮助我们直接将数据处理成可以进行批量操作。需要掌握基本的数组之间的加减乘除运算和广播运算的三个基本规则。

6. 统计计算。对数据进行各种统计分析，包括从数组给定的元素中查找最大数据、最小数据，计算算术平均和加权平均、标准差和方差等。

4.1 数据存取基本文件

在实际经营活动中,数据种类和来源呈现多样化的特点,我们不难发现数据来源可以是以下各种情况:搜索引擎提供的服务、电子商务、社交网络、音频和视频、在线服务、个人数据业务、地理信息数据、传统企业和公共机构的历史积累。这些数据的形态可以是结构化的,也可以是半结构化的,甚至是非结构化的,这就导致了数据存储管理的复杂性。

在第二章我们讨论了在 Python 中如何对纯文本文件和 CSV 文件进行读取和存储。本章我们继续讨论通过 Python 的第三方库对 JSON 和 XLSX 文件格式进行读写操作,然后探讨利用 Python 对结构化数据库 MySQL 与非结构化数据库 MongoDB 和 Redis 的存储操作。

本节讨论对 JSON 文件和电子表格 XLSX 文件的读取和存储,通过 Python 提供的第三方库,我们能够非常方便地对这些文件格式进行读写操作。

4.1.1 JSON 文件存取

JSON 文件是一种轻量级的数据传输格式,而不是一门语言,采用完全独立于编程语言的文本格式来存储和表示数据。基本上所有的编程语言都支持 JSON 数据格式,JSON 的这些特性使其成为理想的数据交换语言,方便程序员阅读和编写,同时也有助于计算机解析和生成数据。

JSON 数据格式除了表示简单的数字和字符串之外,还能够表示数组和数据对象(结构化的数据)。我们先来看数组格式:

```
["继续教育学院","管理工程学院","经济学院"]
```

这就是用 JSON 表示的一个一维数组,数组的属性使用双引号括起来,这是一种标准写法。当然,利用 JSON,我们也可以表示一个多维数组。

JSON 表示的对象或结构化的数据:

```
{
    "姓名":"王六",
    "年纪":33,
    "性别":"男",
    "身高":178,
    "体重":80,
}
```

上述表达式就是用 JSON 表示的一个数据对象,对象的属性使用双引号括起来,这是一种标准写法。属性和属性值之间使用符号":"隔开,一般的格式为{属性:属性值}。属性必须是一个字符串,属性值可以是字符串、数值、列表、布尔值,甚至是数据对象。

在 Python 中我们可以使用 JSON 库来对数据进行 JSON 格式的编码和解码,操作 JSON 时,只需要 import json 即可。这个 JSON 类主要提供四个函数——dumps,dump,loads 和 load。我们知道,Python 本身的数据结构主要包括列表、字典、元组和字符串等类型。JSON 库的函数 dump 和 dumps 可对这些 Python 数据对象进行顺序化操作,即将它们进行从 Python 数据对象到 JSON 数据格式的编码。JSON 库的函数 load 和 loads 可对 JSON 格式数据进行反顺序化操作,即将它们从 JSON 数据转换为 Python 数据。

表 4.1 给出了 Python 数据类型到 JSON 字符串的转换规则。

表 4.1　Python 数据到 JSON 字符串的转换规则

Python	JSON
字典(dict)	对象(object)
列表元组(list,tuple)	数组(array)
字符(str,unicode)	字符串(string)
整数浮点数(int,long,float)	数值(number)
布尔真(True)	布尔真(True)
布尔非真(False)	布尔非真(False)
空值(None)	空值(null)

有了 Python 的 JSON 库,我们就能够非常方便地在 Python 数据类型和 JSON 数据格式之间进行灵活转换。接下来,我们介绍 JSON 数据与 Python 数据之间进行相互转换的操作函数。我们知道,Python 的数据类型 list 和 dict 类似 JSON 的数组和对象,在以下的例子中,我们的代码主要实现了它们之间的转换。下面介绍 JSON 库中的转换函数。

4.1.1.1　函数 dump

dump 把 Python 数据类型转换成字符串并存储到一个 JSON 文件当中,其函数形式为:

json. dump(obj,fp,indent =None,sort_keys =False,ensure_ascii =False)

参数

obj：为一 Python 数据类型。

fp：文件名，打开后缀为 json 的文件并将转换后的字符串保存到文件中。

indent：设置缩进格式，默认值为 None。如果 indent 是非负整数或字符串，那么 JSON 数组元素和对象成员将使用该缩进级别进行输入，读起来更加清晰。

sort_keys：默认值为 False，如果 sort_keys 为 True，则字典的输出将按键值排序。

ensure_ascii：输出真正的中文需要指定 ensure_ascii = False。

4.1.1.2　函数 dumps

dumps 把数据类型转换成字符串，与 dump 函数相比较，少了一个文件指针参数，所以 dumps 直接给出字符串，即 JSON 格式的字典型数据。其函数形式为：

```
json. dumps( obj,indent =None,sort_keys =False,ensure_ascii =False)
```

4.1.1.3　函数 load

load 把后缀为 json 文件打开并读入，然后将文件内容换成 Python 数据类型，其函数调用为：

```
loads( fp,encoding =None,object_hook =None,parse_float =None,
        parse_int =None,parse_constant =None,object_pairs_hook =None)
```

参数

fp：文件名，打开后缀为 json 的文件并读取文件中的字符串。

object_hook：可选参数，默认时返回结果为字典，其他替换为你所指定的类型，这个功能可以用来实现自定义解码器。

parse_float：可选参数，如果被指定，在解码 JSON 字符串的时候，符合 float 类型的字符串将被转为你所指定的类型。

parse_int：可选参数，如果被指定，在解码 JSON 字符串的时候，符合 int 类型的字符串将被转为你所指定的类型。

parse_constant：可选参数，如果被指定，在解码 JSON 字符串的时候，如果出现字符串-Infinity，Infinity，NaN，那么指定的 parse_constant 方法将会被调用。

object_pairs_hook：可选参数，如果被指定，它会将结果以 key-value 有序列表的形式返回。

4.1.1.4　函数 loads

loads 把一个字符串转换成 Python 数据类型，而 load 函数是从一个文件中读出字符串。

```
loads( s,encoding =None,object_hook =None,parse_float =None,
```

parse_int=None,parse_constant=None,object_pairs_hook=None)

参数

s：为字符串，这个字符串可以是 str 类型的，也可以是 unicode 类型的。

其他参数与 load 函数相同。

例 4.1 这个例子通过 dumps 函数将一个 Python 的字典数据类型转换为 JSON 字符串，通过 dump 函数将这个字典数据类型转换为 JSON 字符串并写到后缀为 json 的文件中。Python 程序名为 ch4example1.py，代码为：

```
import json
print("-------------准备 python 字典数据-------------")
dict_ts={'继续教育学院':'东区','管理工程学院':'西区','
                首都经济贸易大学出版社':'东区','经济管理学院':'西区'}
print("-------------python 字典转 JSON 字符串-------------")
json_dict_ts=json.dumps(dict_ts,ensure_ascii=False)
print(json_dict_ts)
json_dict_ts=json.dumps(dict_ts,indent=4,ensure_ascii=False)
print(json_dict_ts)
print("-------------将 JSON 字符串存文件-------------")
f=open(r"E:\pachong\kangy\ts.json","a")
json_dict_ts=json.dump(dict_ts,f)
f.close()
```

例 4.2 这个例子分别通过 load 函数读取一个 JSON 格式文件，通过 loads 函数读取一个 JSON 字符串。Python 程序名为 ch4example2.py，代码为：

```
import json
print("-------------load 函数从 json 文件中读取数据-------------")
with open(r"E:\pachong\kangy\ts.json") as f：
    json_str=json.load(f)
print(json_str)
print("-------------load 函数读取 son 字符串-------------")
with open(r"E:\pachong\kangy\ts.json") as f：
    line=f.readline()
json_str=json.loads(line)
print(json_str)
```

4.1.2 XLSX 文件存取

大家应当非常熟悉微软公司的 Microsoft Office Excel 电子表格文件，而 xlsx 是该文件的扩展名。用过 Excel 文件的同学应该知道,一个 Excel 文件就是一个工作簿,它在 Windows 文件夹中由文件名称+.xlsx 后缀构成,所以工作簿的唯一性是由文件名称决定的。打开一个 Excel 工作簿后,在 Excel 的标题栏上能够看到工作簿的文件名,在工作簿的下方有工作表选项栏,你可以创建多个工作表。最后就是单元格,用于存储具体的数据。

Python 提供了非常便捷灵活操作 Excel 文件的方法,Python 使用 openpyxl 库操作 xlsx 文件,openpyxl 是一款比较综合的工具,不仅能够同时读取和修改 xlsx 文件,还可以对 xlsx 文件内单元格进行各种设置,支持图表插入,以及打印设置等内容。使用 openpyxl 可以读写以 xltm,xltx,xlsm,xlsx 为后缀的 Excel 表格文件。因此,openpyxl 成为处理 Excel 电子表格的一个重要库。

接下来我们介绍如何使用 Python 的 openpyxl 库。首先需要安装 openpyxl 库,可以直接使用 pip install openpyxl 进行安装。我们来介绍 openpyxl 库中的一些重要函数。

4.1.2.1　load_workbook 函数

我们知道一个 workbook 代表一个 Excel 文件,对于一个已经存在的 Excel 文件,可以利用这个函数对其进行读写。

openpyxl. load_workbook(filename, data_only =False)

参数

filename:Excel 文件名称。

data_only:默认 False,表示打开文件后读取原始数据值(忽略公式计算值)。

返回值:返回一个工作簿 workbook 对象。

4.1.2.2　workbook 函数

利用 workbook 可以创建一个 Excel 文件。

openpyxl. workbook( )

返回值:返回一个工作簿 workbook 对象。

我们将进一步介绍这两个函数的返回对象所提供的常用属性和函数,它们都用于处理工作表,也就是说只要我们获得了工作簿对象后,可以接着对工作表进行各种处理。

工作簿对象既可以通过索引来获得一个工作表,也可以通过工作表名称获得一个工作表。在获得工作表对象之后,我们可以获取关于工作表的各种基本信息,包括表名、标题、创建日期、行数与列数等。

(1)active 属性。通过调用该属性可以获得当前正在运行的工作表。

openpyxl. workbook. Workbook. active

（2）worksheets 属性。我们也可以通过工作表序号获得一个特定的工作表,序号的下标从 0 开始。

openpyxl. workbook. Workbook. worksheets[0]

（3）title 属性。通过 title 属性,我们可以修改一个工作表的名称。

openpyxl. workbook. Workbook. title =" new title"

（4）sheetnames 属性。这个属性提供所有当前工作簿的工作表名称。

openpyxl. workbook. Workbook. sheetnames

（5）encoding 属性。获取工作簿的字符集编码。

openpyxl. workbook. Workbook. encoding

（6）properties 属性。获取工作簿的标题、创建者、创建日期等信息。

openpyxl. workbook. Workbook. properties

4.1.2.3　create_sheet 函数

create_sheet 函数可以创建一个新的工作表。

openpyxl. workbook. create_sheet(title =None, index =None)

参数

title:字符型工作表名称,默认为 sheet。
index:整数型,表示工作表位置,默认为最后一个位置。
返回值:返回工作表对象。

4.1.2.4　remove_sheet 函数

这个函数删除某个工作表,调用如下:

openpyxl. workbook. remove_sheet(object)

参数

object:工作表对象。

4.1.2.5　copy_worksheet 函数

该函数可以在一个工作簿内把一个存在的工作表拷贝到一个新的工作表中。

openpyxl. workbook. copy_worksheet(from_worksheet)

参数

from_worksheet：初始工作表。

4.1.2.6 save 函数

将当前工作簿按 filename 名称保存到当前目录中。

openpyxl. workbook. save(filename)

参数

filename：文件名。

例 4.3 这个例子是通过工作簿函数 Workbook( )创建一个工作簿对象,然后通过这个对象操作工作表,最后保存创建的工作簿。Python 程序名为 ch4example3. py,代码如下:

```
from openpyxl import Workbook
w =Workbook( )
sh0 =w. active
sh1 =w. create_sheet('管理工程学院')
sh2 =w. create_sheet('继续教育学院',0)
source =w. active
target =w. copy_worksheet(source)
print(w. sheetnames)
print(w. active)
print(w. worksheets)
print(w. encoding)
w. save("E:\pachong\kangy\ch4example3. xlsx")
```

有了工作表 worksheet 的对象之后,我们可以通过这个对象获取单元格的属性和单元格中的数据,并可以修改单元格的内容。

我们知道一个单元格是由行和列构成的。工作表中每一行的首列就是该行的标题,以数字 1,2,3,…表示,一个工作表最多拥有 65 536 行。而工作表中的每一列的首行就是列标题,以字母 A,B,C,…,ZZ 表示,一个工作表最多有 256 列。

openpyxl 库提供了非常灵活的函数和属性来访问表格中的单元格和数据,常用的 Worksheet 属性和方法如下。

(1)title 属性。通过该属性能够获得一个工作表的标题。

openpyxl. workbook. worksheet. title

(2)dimensions 属性。这个属性提供一个工作表,包含数据的大小,即从左上角的坐标到右下角的坐标。如果是空表,它将返回 A1：A1。

openpyxl.workbook.worksheet.dimensions

（3）min_row 属性。这个属性返回一个工作表中数据的起始行。

openpyxl.workbook.worksheet.min_row

（4）max_row 属性。这个属性返回一个工作表中数据的终止行。

openpyxl.workbook.worksheet.max_row

（5）max_column 属性。这个属性返回一个工作表中数据的起始列。

openpyxl.workbook.worksheet.min_column

（6）min_column 属性。这个属性返回一个工作表中数据的终止列。

openpyxl.workbook.worksheet.max_column

4.1.2.7　cell 函数

该函数通过行、列参数可以得到一个单元格。

openpyxl.workbook.worksheet.cell(row,column)

参数 row,column 整数型,分别为工作表的行和列,第一行或第一列的整数是 1,不是 0。

4.1.2.8　iter_rows 函数

该函数按行获取所有单元格。

openpyxl.workbook.worksheet.iter_rows()

4.1.2.9　iter_columns 函数

该函数按列获取所有单元格。

openpyxl.workbook.worksheet.iter_columns()

4.1.2.10　append 函数

这个函数可以在工作表最后一行或最后一列的末尾添加数据。

openpyxl.workbook.worksheet.append(row)

例4.4　这个例子是通过工作表函数 Worksheet()创建一个工作表对象,然后通过这个对象来操作工作表的行、列和单元格,最后把创建的工作簿保存。Python 程序名为 ch4example4.py,代码如下:

```
from openpyxl import load_workbook
w=load_workbook("E:\pachong\kangy\ch4example4.xlsx",data_only=False)
```

```
sh1 =w['继续教育学院']
print('工作表名称:',sh1.title)
print('表的维数:',sh1.dimensions)
print('最大行数:',sh1.max_row)
print('最小行数:',sh1.min_row)
print('最大列数:',sh1.max_column)
print('最小列数:',sh1.min_column)
print('3 行 3 列单元格:',sh1.cell(3,3))
print('3 行 3 列单元格的值:',sh1['C3'].value )
print('按行获取所有单元格:')
for row in sh1.iter_rows(min_row=2,max_row=2,min_col=2,max_col=5):
    print(row)
row=[1,2,3,4,5]
print('添加 1 行',sh1.append(row))
print('保存文件:',w.save("E:\pachong\kangy\ch4example4save.xlsx"))
```

从上述介绍的工作表对象的函数和属性我们可以发现,它们的返回基本上是一个单元格对象,我们既可以使用 Excel 的行列坐标方式来获取单元格对象,也可以使用工作表的单元格方法来获取单元格对象。

接下来我们讨论利用单元格对象(Cell)的一些常用属性来操作表格。

(1)row 属性。单元格所在的行。

(2)column 属性。单元格所在的列。

(3)coordinate 属性。单元格的坐标。

(4)value 属性。单元格的值。

例 4.5 这个例子是通过工作表函数 cell( )的属性来获得单元格的坐标、值、所在行、所在列等信息。Python 程序名为 ch4example5. py,代码如下:

```
from openpyxl import load_workbook
w=load_workbook("E:\pachong\kangy\ch4example5.xlsx",data_only=False)
sh1=w['继续教育学院']
print('单元格的坐标:',sh1.cell(row=1,column=2).coordinate)
print('单元格的值',sh1.cell(row=1,column=2).value)
print('单元格的行',sh1.cell(row=1,column=2).row)
print('单元格的列',sh1.cell(row=1,column=2).column)
print('按行打印单元格内容:')
for row in sh1.values:
    print(*row)
```

4.2　PyMySQL 基本功能和使用操作

在上一节中,我们讨论了基于共享文件系统的数据存储,接下来我们讨论结构化数据库管理系统 MySQL。它是由客户机和服务器两个不同的部分组成的。服务器部分实际上就是负责处理数据访问的一个软件,这个软件运行在一个数据库服务器的计算机上。在这台机器上与数据进行交互的只有服务器软件。关于数据请求,比如数据添加、数据删除和数据更新等都由该服务器软件完成。MySQL 是诸多服务器软件中的一种。

客户端是与用户打交道的软件,或用户使用的终端。MySQL 提供了非常丰富的客户端工具和 SQL 语言。在学习 MySQL 时,我们需要了解 MySQL 数据库操作和表操作。MySQL 数据库的操作包括创建数据库、查看数据库、选择数据库和删除数据库。

在 MySQL 数据库中,我们选择一个存在的数据库,对它进行表操作。表是数据在数据库中一种逻辑上的存储形式,和常见的电子表格类似,其中每一行代表一个记录,而记录的每一列代表一个字段。表的基本操作有创建表、查看表、删除表和修改表等。

关于 MySQL 数据库的数据库操作和表操作的相关 SQL 语句请大家参考 MySQL 的官方文档。

我们通过 Python 的第三方 PyMySQL 库来实现 MySQL 的上述操作,安装 PyMySQL 库要求 Python 版本必须在 3.5 以上。安装命令:pip install pymysql。

4.2.1　连接数据库

我们讨论对 MySQL 数据库的连接,由于 Python 统一了数据库连接的接口,所以 PyMySQL 的连接函数为 connect( )函数。该函数创建客户端到 MySQL 数据库的连接:

```
pymysql. connect( host =None, user =None, password ="" ,
          port =0, db =None, charset =" )
```

参数

host:字符型,MySQL 数据库服务器地址。

port:整数型,MySQL 数据库服务器端口。

user:字符型,登入的用户名。

password:字符型,密码。

db:字符型,使用的数据库,默认等于 None,表示不特指某个数据库。

charset:字符型,连接字符集。

返回值:返回游标。

例 4.6 这个例子提供了通过 PyMySQL 库创建客户端到 MySQL 数据库的连接。Python 程序名为 ch4example6. py,代码如下:

```
import pymysql
print(" -------------连接数据库-------------")
try:
    conn =pymysql. connect( host =' 127. 0. 0. 1' ,port =3307 ,user =' root' ,
    passwd =' a_rkno! 23@ 201958' ,db =' mydata' ,charset =' utf8' )
    print(' 数据库连接成功' )
    print(' 打印连接对象:' ,conn)
  except pymysql. Error as e:
    print(' 数据库连接失败:' +str( e) )
```

4.2.2 数据库的基本操作

在创建了客户端与 MySQL 数据库的连接之后,我们就获得了 connect( )函数的对象,它又提供了多个接口函数对数据库进行各种基本操作。下面我们对这些函数进行介绍,我们的重点将放在游标函数提供的接口上。

(1)cursor( )函数。该函数返回游标:

pymysql. connect. cursor( )

(2)commit( )函数。该函数提交当前事务:

pymysql. connect. commit( )

(3)rollback( )函数。该函数回滚当前事务:

pymysql. connect. rollback( )

(4)close( )函数。该函数关闭连接:

pymysql. connect. close( )

我们重点讨论 cursor( )函数的对象支持的函数,通过它们可以对数据库执行 SQL 语句实现各种查询。

(5)execute( )函数。该函数执行一个 SQL 语句(数据库的查询命令):

pymysql. connect. cursor. execute(query ,args =None)

参数

query：字符型，SQL 语句。

args：列表、元组，或字典类型。

返回值：返回一个整数值，表示 SQL 语句影响到的记录行数。

（6）executemany( )函数。该函数可以执行多条 SQL 语句：

```
pymysql. connect. cursor. executemany( query,args =None)
```

参数

query：字符型，SQL 语句。

args：可迭代对象。

返回值：返回 SQL 语句影响到的记录行数。

（7）mogrify( )函数。该函数返回执行的 SQL 语句：

```
pymysql. connect. cursor. mogrify( query,args =None)
```

参数

query：字符型，SQL 语句。

args：可迭代对象。

（8）fetchone( )函数。该函数从查询语句中获取一条查询结果：

```
pymysql. connect. cursor. fetchone( )
```

（9）fetchmany(size)函数。该函数根据 size 获取相应的行数：

```
pymysql. connect. cursor. fetchmany( )
```

（10）fetchall( )函数。该函数获取所有查询的结果：

```
pymysql. connect. cursor. fetchall( )
```

（11）rowcount( )函数。该函数返回记录条数：

```
pymysql. connect. cursor. rowcount( )
```

（12）close( )函数。该函数关闭游标对象：

```
pymysql. connect. cursor. close( )
```

利用 PyMySQL 的 connect( )对象的游标和关系型数据的 SQL 语句，我们可以在 MySQL 服务器上创建或删除一个数据库，也可以创建或删除一个数据库中的数据表，当删除具有主外键关系表时，需要先删子表，后删主表。

创建数据库的 SQL 语句：

```
create_database_sql=' CREATE DATABASE IF NOT EXISTS 数据库名 DEFAULT CHAR-
SET utf8 COLLATE utf8_general_ci;'
```

删除数据库的 SQL 语句:

```
delete_database_sql=' DROP DATABASE IF EXISTS 数据库名;'
```

创建数据表的 SQL 语句:

```
create_table_sql=' CREATE TABLE IF NOT EXISTS 表名(
    id int unsigned primary key auto_increment not null,
    Var_1 varchar(40) default null,
    ...
    Var_n varchar(40) default null "
);
```

删除数据表的 SQL 语句:

```
delete_database_sql=' DROP TABLE IF EXISTS 表名;'
```

例 4.7 这个例子提供了通过 PyMySQL 库连接 MySQL 数据库服务器,在获取游标后,创建一个数据库(ch4_db)和一张数据表(sdjjmydx_xy)。然后将 3 条记录批量插入数据表中,随后进行查询数据和删除数据的操作。最后关闭游标,关闭数据库连接。Python 程序名为 ch4example7. py,代码如下:

```
import pymysql
conn=pymysql. connect(host=' 127. 0. 0. 1' , port=3307, user=' root' , passwd=' a_rk-
no! 23@ 201958' , db=' mydata' , charset=' utf8' )
cur=conn. cursor( )
create_database_sql=' CREATE DATABASE IF NOT EXISTS ch4_db DEFAULT CHAR-
SET utf8 COLLATE utf8_general_ci;'
cur. execute( create_database_sql)
#cur. close( )
print(' 成功创建数据库 ch4_db' )
print(" ------------创建数据表------------" )
conn. select_db(' ch4_db' )
cur. execute(" drop table if exists sdjjmydx_xy;" )
create_table_sql="' CREATE TABLE sdjjmydx_xy(
    id int unsigned primary key auto_increment not null,
    name varchar(40) default null COMMENT " 学院名称" ,
    degree varchar(40) default null COMMENT " 学位" ,
```

```
        homepage varchar(40)default null COMMENT "网页",
        address varchar(40)default null COMMENT "校区所在地"
            )
        '''
cur. execute(create_table_sql)
print(u"创建数据表成功")
print(" ------------操作数据库------------")
insert_record_sql=" insert into sdjjmydx_xy(id,name,degree,homepage,address)val-
ues(%s,%s,%s,%s,%s)"
val=((1,'管理工程学院','本科和研究生','https://ggxy. cueb. edu. cn','西校区'),
        (2,'继续教育学院','贯通','https://yd. cueb. edu. cn','东校区'),
        (3,'经济学院','本科和研究生','https://eco. cueb. edu. cn','西校区'))
cur. executemany(insert_record_sql,val)
print("成功插入3条数据")
conn. commit()
cur. execute("select * from sdjjmydx_xy")
print("查询表中所有数据:")
for i in cur. fetchall():
        print(i)
delete=cur. execute(" delete from sdjjmydx_xy where name='经济学院'")
print("删除一行数据:",delete)
cur. close()
conn. commit()
conn. close()
```

4.3　PyMongoDB 基本功能和使用操作

　　MongoDB 是一种非结构化的数据库,但介于结构化数据库和非结构化数据库之间,所以也被称为半结构化数据库。MongoDB 属于可扩展的高性能数据存储解决方案,能够存储海量数据。

　　为了帮助大家理解非结构化的概念,我们将 MongoDB 数据库的基本数据结构与 MySQL 数据库进行简单对比。相同之处在于两者都有数据库(DATABASE)概念、索引(INDEX)和主键(PRIMARY KEY)。不同之处是:MySQL 中有表(TABLE),但在 MongoDB 中则是集合(COLLECTON);在 MySQL 中有数据记录行(ROW),但在 MongoDB 中则是文档(DOCUMENT);在 MySQL 中有数据字段(COLUMN),但在

MongoDB 中则是域(FIELD)。

我们将讨论利用 Python 来访问和操作 MongoDB 数据库。为此,我们需要安装第三方库 pymongo,安装命令:pip install pymongo。

4.3.1　连接数据库

在安装了 pymongo 库之后,我们就可以用 pymongo 的函数 MongoClient 来建立与 MongoDB 数据库的连接。我们分别介绍无需用户验证和需要用户验证的两种连接方式。

(1)MongoClient( )函数。该函数建立与数据库的连接。

```
pymongo. MongoClient( host =' 127. 0. 0. 1' , port =27017)
```

参数

　　host:数据库服务器的 IP 地址。

　　port:数据库服务器的端口,默认为 27017。

如果连接已经成功,数据库无需用户验证,就可以直接访问数据库。如果数据库需要用户验证,我们就要用到 MongoClient 的认证函数。

(2)Authenticate( )函数。该函数用于认证需要访问的数据库。

```
pymongo. MongoClient. authenticate( account,password)
```

参数

　　account:访问数据库服务器的账户。

　　password:访问数据库服务器的密码。

例 4.8　这个例子提供了通过 pymongo 库的 MongoClient 来连接 MongoDB 数据库。Python 程序名为 ch4example8. py,其代码为:

```
from pymongo import MongoClient
print(" -------------连接数据库-------------" )
conn =MongoClient(' 127. 0. 0. 1' ,27017)
print(" 成功连接" )
```

4.3.2　数据库的基本操作和使用

数据库的基本操作包括创建或访问一个数据库,创建或获取数据库中的集合,以及文档数据的插入和读取。在成功连接到 MongoDB 数据库服务器后,我们就可以进行上述操作,MongoClient 函数提供了丰富的属性来完成各种查询。

为了保证我们将要连接的数据库存在,我们可以通过查询数据库服务器中的所有数据库来检查要连接的数据库是否存在。MongoClient 函数提供了返回所有数据库的属性：

　　pymongo. MongoClient. list_database_names( )

　　假设我们准备访问数据库的名称为 ch4_mongodb，如果数据库存在，则直接建立连接。如果这个数据库不存在，MongoDB 将创建数据库并建立连接。下面的两种方法都可以连接数据库。

　　属性方法：pymongo. MongoClient. ch4_mongodb

　　字典方法：pymongo. MongoClient[' ch4_mongodb']

　　在获取数据库的连接后，我们就可以访问存在的集合或创建一个新集合(MongoDB 的集合类似于 MySQL 中的数据表)来保存数据，假设集合的名称为 xybg，创建方法为：

　　MongoClient. ch4_mongodb. xybg

或

　　MongoClient. ch4_mongodb[' xybg']

　　创建了集合之后，我们就能够访问或存储数据了，在 MongoDB 数据库中，我们称存储在集合中数据为文档，是用字典来表示的，即由键值对组成的，如果一个键对应多个值，需要用[ ]将所有的值包括起来。我们来看下面的文档：

```
xywd={"学院":"继续教育学院",
      "地点":"红庙校区",
      "专业":["经济","金融","会计"],
      }
```

　　接下来我们介绍一些操作数据文档的基本函数，假设数据库名称为 ch_mongodb，集合名为 xybg。

　　(1)insert_one( )函数。该函数可以将一条文档插入集合中：

　　MongoClient. ch4Mongo. xybg. insert_one( )

　　通过这个函数还可以获得插入文档的主键 id：

　　MongoClient. ch4Mongo. xybg. insert_one( ). inserted_id

　　(2)insert_many( )函数。该函数可以把多条文档插入集合中：

　　MongoClient. ch4Mongo. xybg. insert_many( )

　　(3)find_one( )函数。该函数执行 MongoDB 中最简单的查询：

　　MongoClient. ch4Mongo. xybg. find_one( )

查询匹配的单个文档,如果没有获取到匹配的文档,返回 None。当我们知道集合中有一个匹配的文档,我们就可以使用这个函数。

(4)find( )函数。该函数可获得一个游标对象,通过它可以查询并获得多个文档:

MongoClient. ch4Mongo. xybg. find( )

(5)delete_one( )函数。该函数删除 MongoDB 集合的一个文档:

MongoClient. ch4Mongo. xybg. delete_one( )

(6)delete_many( )函数。该函数删除 MongoDB 集合的多个文档:

MongoClient. ch4Mongo. xybg. delete_many( )

例 4.9 这个例子提供了通过 pymongo 库的 MongoClient 连接 MongoDB 数据库服务器,创建数据库,创建集合,插入文档,查询和删除文档。Python 程序名为 ch4example9. py,其代码如下:

```
from pymongo import MongoClient
print(" -------------连接查询数据库-------------" )
client =MongoClient('127. 0. 0. 1' ,27017)
print(" 存在的数据库:" ,client. list_database_names( ) )
print(" -------------创建数据库-------------" )
mongo_db =client. ch4_mongodb
print(" -------------数据库中建集合-------------" )
mongo_col =mongo_db. xybg
print(" 集合:" ,mongo_db. collection_names(False) )
print(" -------------集合中插文档-------------" )
xywd ={" 学院":" 继续教育学院",
        " 地点":" 红庙校区",
        " 专业":[" 经济"," 金融"," 会计" ]
      }
xywd_id =mongo_col. insert_one(xywd). inserted_id
xywd_list =[
  {" 学院":" 管理工程学院"," 地点":" 花乡校区"," 专业":[" 数据科学"," 计算机"," 信息管理"]},
  {" 学院":" 经济学院"," 地点":" 花乡校区"," 专业":[" 经济学"," 贸易经济"," 商务经济"]}
  ]
insert_xywd_list =mongo_col. insert_many(xywd_list)
```

```
print("------------查询文档------------")
print("文档数:",mongo_db.xybg.count())
for x in mongo_col.find():
    print(x)
print("------------删除文档------------")
del_one=mongo_db.xybg.delete_one({"学院":"继续教育学院"})
print(del_one,del_one.deleted_count)
print("文档数:",mongo_db.xybg.count())
del_all=mongo_col.delete_many({})
print(del_all.deleted_count,"个文档已删除")
print("------------删除集合------------")
mongo_col.drop()
client.close()
```

4.4　Redis-py 基本功能和使用操作

Redis 是英文 Remote Dictionary Server 的缩写,可翻译成"远程字典服务器"数据库,与传统数据库的区别是 Redis 数据库的数据是存放在内存中的,所以读写速度较快。在实际应用中,Redis 数据库被广泛部署于缓存方向。Redis 数据库是当前最热门的非结构化(NoSQL)数据库之一。Redis 数据库的数据类型主要有键值对字符串(String)、列表(List)、集合(Set)、有序集合(Zset)和哈希(Hash)。

Python 提供访问 Redis 数据库服务器的第三方库 redis,它就是连接 Redis 数据库服务器的 Python 客户端。在 redis 库中,Redis 类是与 Redis 数据库服务器进行交互的接口,或者说对 Redis 数据库的操作都是通过 Redis 类来实现的。

4.4.1　连接数据库

由于 Python 的 Redis 数据库客户端是通过 redis 库的 Redis 类函数来实现的,因此使用时需导入 redis,即 import redis。我们将讨论 Redis 类的使用。访问 Redis 服务器是不需要密码认证的,只需要 Redis 服务器的 host 和 port(默认等于6379),就可以连接使用。

连接 Redis 数据库的方法为:

```
redis.Redis(host,port,db,password,encoding)
```

参数

host:字符型,IP 地址,默认为' 127. 0. 0. 1' 。

port:字符型,运行端口,默认为 6379。

db:字符型,数据库,默认等于 0,表示连接数据库。

password:字符型,密码,默认为 None。

encoding:编码方式,默认为' utf-8' 。

例 4.10　这个例子提供了通过 redis 库的 Redis 函数来连接 Redis 数据库。Python 程序名为 ch4example8. py,代码如下:

```
import    redis
r =redis. Redis( host =' 127. 0. 0. 1' ,port =6379,db =0,password =None,encoding =' utf-8' )
print(' 连接成功' )
```

4.4.2　数据库的基本操作

当我们成功连接上 Redis 数据库后,我们就可对数据库中的各种数据类型进行各种操作。我们将根据 Redis 数据库中的数据类型分别讨论对数据库的操作函数。

4.4.2.1　字符串操作函数

在 Redis 数据库中,字符串(String)在内存中都是按照一个键(key)对应一个值(value)来存储的,主要函数如下。

(1)set( )函数。该函数为键设置一个值。

```
redis. set( name,value)
```

参数

name:字符型,键名称。

value:字符型,值。

(2)get( )函数。该函数用于获取键的值。

```
redis. get( name)
```

参数

name:字符型,键名称。

(3)getset( )函数。该函数为指定的键设置新的值,并返回旧的值。

```
redis. getset( name)
```

参数

name:字符型,键名称。

（4）mset（）函数。该函数一次性设置多个键-值对。

redis. mset（name,value）

参数

name:字典型,键名称。

value:字典型,值。

（5）mget（）函数。该函数用于批量获取键对应的值。

redis. mget（name）

参数

name:字符型,键名称。

（6）append（）函数。该函数为键追加值。

redis. append（name,value）

参数

name:字符型,键名称。

value:字符型,值。

（7）strlen（）函数。该函数返回键对应值的字节长度（一个汉字 3 个字节）。

redis. strlen（name）

参数

name:字符型,键名称。

例 4.11　这个例子提供了 redis 库的字符串函数的使用,包括设置一个或多个键的值、查询键对应的值和键对应的值的字节长度。Python 程序名为 ch4example11. py,代码如下:

```
import   redis
r=redis. Redis（host='127. 0. 0. 1',port=6379,db=0,password=None,
            encoding='utf-8'）
print（'连接成功'）
print（'清空 redis:',r. flushall（））
print（" ------------字符串操作------------"）
a=r. set（'学院名称','管理工程学院'）
print（'新增数据是否成功',a）
b=r. get（'学院名称'）
print（'学院名称的 value 是:',b）
print（'学院名称现在的 value 是:',r. getset（'学院名称','继续教育学院'））
```

```
print('学院名称原来的 value 是:',r.get('学院名称'))
keydict={'学院名称':'管理工程学院','地址':'花乡校区','院长':'张军'}
c=r.mset(keydict)
print('批量新增数据是否成功:',c)
print('批量获取数据:',r.mget('学院名称','地址','院长'))
d=r.append('地址','121 号')
print('追加数据是否成功:',d)
print('查询追加数据:',r.get('地址'))
print('学院名称 value 的长度:',r.strlen("学院名称"))
```

4.4.2.2　列表操作函数

在 Redis 数据库中,列表(List)在内存中按照一个键对应一个列表来存储,其主要操作函数如下。

(1)lrange 函数。该函数返回一个键对应列表中指定区间内的元素。

```
redis.lrange(name,start,stop)
```

参数

　　name:字符型,键名称。

　　start:下标值表示列表的开始元素。

　　stop:下标值表示列表的终止元素。

(2)rpush 函数。该函数在键的列表值末尾追加多个元素,即列表的顺序按元素的先后顺序排列。

```
redis.rpush(name,value)
```

参数

　　name:字符型,键名称。

　　value:列表,值。

(3)lpush 函数。该函数在键的列表值头部添加多个元素,即最后添加的元素排在列表的最前面。

```
redis.lpush(name,value)
```

参数

　　name:字符型,键名称。

　　value:列表,值。

(4)lpop 函数(key)。该函数删除键对应列表的第一个元素。

```
redis.lpop(name)
```

参数

　　name:字符型,键名称。

　　(5)rpop 函数(key)。该函数删除键对应列表的最后一个元素。

　　redis. rpop(name)

参数

　　name:字符型,键名称。

　　(6)lindex 函数。该函数通过索引获取列表中的元素,我们可以使用负数下标,−1 表示列表的最后一个元素。

　　redis. lindex(name,index)

参数

　　name:字符型,键名称。

　　index:整数,下标值。

　　(7)linsert 函数。该函数在列表元素前或者后插入新元素。当列表不存在时,被视为空列表,不执行任何操作。

　　redis. linser(name,before丨after,privot,value)

参数

　　name:字符型,键名称。

　　privot:主元素。

　　value:插入值。

　　(8)llen 函数。该函数返回键对应列表的长度,如果列表不存在,则键对应一个空列表,返回 0。如果键不是列表类型,返回一个错误。

　　redis. llen(name)

参数

　　name:字符型,键名称。

　　(9)lset 函数。该函数将键对应列表中一个下标位置的元素进行赋值,越界则报错。

　　redis. lset(name,index,value)

参数

　　name:字符型,键名称。

　　index:整数,下标。

　　value:被赋的值。

（10）ltrim 函数。该函数对一个键的列表进行修剪,让列表只保留指定区间内的元素,不在指定区间内的元素都将被删除。

redis. ltrim(name,start,stop)

参数

name:字符型,键名称。

start:下标。

stop:下标。

例4.12 这个例子提供了 Redis 数据库的列表函数的例子,包括插入、删除和裁剪。Python 程序名为 ch4example12. py,代码如下:

```python
import   redis
r =redis. Redis( host =' 127. 0. 0. 1' ,port =6379,db =0,password =None,
          encoding =' utf-8' )
print( " -------------列表类型操作-------------" )
r. flushall( )
r. lpush( " 水果名称" ,' 苹果' )
r. lpush( " 水果名称" ,' 香蕉' ,' 橙子' ,' 葡萄' ,' 桃子' )
print( r. lrange( " 水果名称" ,0,-1) )
print( ' 删除" 水果名称" 的第一个元素' ,r. lpop( " 水果名称" ) )
print( r. lrange( " 水果名称" ,0,-1) )
r. rpush( " 水果数量" ,5)
r. rpush( " 水果数量" ,6,7,8,9)
print( r. lrange( " 水果数量" ,0,-1) )
print( ' 删除" 水果数量" 的最后一个元素' ,r. lpop( " 水果数量" ) )
print( r. lrange( " 水果数量" ,0,-1) )
r. rpush( " 水果产地" ,' 山东' ,' 广东' ,' 江西' ,' 新疆' ,' 河北' )
print( ' 查询水果产地的全部内容:' ,r. lrange( " 水果产地" ,0,-1) )
print( ' 查询列表第 5 个元素:' ,r. lindex( " 水果产地" ,5) )
print( ' 在江西之前插入赣州:' ,r. linsert( " 水果产地" ," BEFORE" ,' 江西' ,' 赣州' ) )
print( r. lrange( " 水果产地" ,0,-1) )
print( ' 在河北之后插入沧州:' ,r. linsert( " 水果产地" ," AFTER" ,' 河北' ,' 沧州' ) )
print( r. lrange( " 水果产地" ,0,-1) )
print( ' 列表元素的数量:' ,r. llen( " 水果产地" ) )
print( ' 把列表第三个元素改为河南:' ,r. lset( " 水果产地" ,2,' 河南' ) )
print( r. lrange( " 水果产地" ,0,-1) )
print( ' 删除列表最后 2 个元素:' ,r. ltrim( " 水果产地" ,0,-3) )
```

print(r. lrange(" 水果产地",0,-1))

4.4.2.3　集合操作函数

Redis 数据库的集合(Set) 数据类型是由字符串组成的且无重复元素的无序集合。

(1) sadd 函数。该函数向一个键对应的集合中添加一个或多个元素,假如集合不存在,则创建一个只包含添加的元素的集合。

redis. sadd(name,value)

参数

　　name:字符型,键名称。

　　value:元素列表。

(2) srem 函数。该函数从一个键对应的集合中删除一个或多个元素,不存在的元素会被忽略。

redis,srem(name,value)

参数

　　name:字符型,键名称。

　　value:元素列表。

(3) scard 函数。该函数返回一个键对应集合的元素个数,当集合不存在时,返回 0。

redis. scard(name)

参数

　　name:字符型,键名称。

(4) sdiff 函数。该函数返回集合之间的差集。

redis. sdiff(name1,name2)

参数

　　name1:字符型,键名称。

　　name2:字符型,键名称。

(5) sinter 函数。该函数返回集合之间的交集。

redis. sinter(name1,name2)

参数

　　name1:字符型,键名称。

　　name2:字符型,键名称。

（6）sunion 函数。该函数返回集合的并集。

```
redis. sunion(name1,name2)
```

参数

name1:字符型,键名称。

name2:字符型,键名称。

（7）sismember 函数。该函数判断一个元素是否是一个键对应集合的元素。如果元素是集合的成员,返回 1;如果元素不是集合中的元素,或集合不存在,返回 0。

```
redis. sismember(name,value)
```

参数

name:字符型,键名称。

value:元素。

（8）smembers 函数。该函数返回一个键对应集合中的所有元素,不存在的集合为空集合。

```
redis. smembers(name)
```

参数

name:字符型,键名称。

例 4.13 这个例子提供了 Redis 数据库的集合运算函数的例子,包括向一个集合添加和删除元素。Python 程序名为 ch4example13. py,代码如下:

```
import redis
r =redis. Redis( host ='127. 0. 0. 1',port =6379,db =0,password =None,
        encoding ='utf-8')
print('连接成功')
print(" -------------集合类型操作-------------")
r. flushall()
print('添加颜色',r. sadd("颜色","红色","橙色","黄色","绿色","蓝色","青色","
紫色"))
print('查询有几种颜色',r. scard("颜色"))
print('查询所有颜色:',r. smembers("颜色"))
print('从集合中随机返回一个或多个元素:',r. srandmember('颜色'))
print('查询蓝色是否存在? ',r. sismember("颜色","蓝色"))
print('删除绿色',r. srem("颜色","绿色"))
print('在集合中随机获取一个元素并移除:',r. spop('颜色'))
print('查看剩余颜色',r. smembers("颜色"),'\n')
```

```
print("-------------两个集合的运算-------------")
r.sadd("数字集 1","1","2","3","4","5","6")
r.sadd("数字集 2","4","5","6","7","8","9")
print('查询数字集 1:',r.smembers("数字集 1"))
print('查询数字集 2:',r.smembers("数字集 2"))
print('集合的差运算:',r.sdiff("数字集 1","数字集 2"))
print('集合的交运算:',r.sinter("数字集 1","数字集 2"))
print('集合的并运算:',r.sunion("数字集 1","数字集 2"))
```

4.4.2.4　有序集合操作函数

有序集合是在集合的基础上,为元素排序,元素的排序根据另外分数来进行比较。对于有序集合,每一个元素有两个值,即:值和分数。

(1)zadd 函数。该函数向一个键对应有序集合中添加一个或多个元素及其分数。

```
redis.zadd((name,{value:score}))
```

参数

　name:字符型,键名称。

　value:字符串类型,值。

　score:整数或浮点型,分数。

(2)zcard 函数。该函数返回一个键对应有序集合的元素个数。

```
redis.zcard(name)
```

参数

　name:字符型,键名称。

(3)zcount 函数。该函数用于计算一个键对应的有序集合在指定分数区间的元素个数。

```
redis.zcount(name,min,max)
```

参数

　name:字符型,键名称。

　min:区间的左端,分数。

　max:区间的右端,分数。

(4)zrange 函数。该函数返回一个键对应的有序集合在指定分数区间的元素,其中元素的位置按分数值递增(从小到大)来排序。

```
redis.zrange(name,start,end)
```

参数

　　name:字符型,键名称。

　　start:下标参数,整数型。

　　end:下标参数,整数型。

　　(5)zscore 函数。该函数返回一个键对应的有序集合中某个元素的分值。

　　redis. zscore(name,value)

参数

　　name:字符型,键名称。

　　value:字符型,元素。

　　(6)zrank 函数。该函数返回一个键对应的有序集合中指定元素的排名。

　　redis. zrank(name,value)

参数

　　name:字符型,键名称。

　　value:字符型,元素。

　　(7)zrem 函数。该函数删除一个键的有序集合中的一个或多个元素。

　　redis. zrem((name, * values)

参数

　　name:字符型,键名称。

　　* values:列表,待删除元素。

　　例4.14　　这个例子提供连接 Redis 数据库,通过有序集合函数创建有序集合,包括添加一个或多个元素到有序集合中,查询和删除有序集合的元素。Python 程序名为 ch4example14. py,代码如下:

```
import redis
r =redis. Redis( host =' 127. 0. 0. 1' ,port =6379,db =0,
        password =None,encoding =' utf-8' )
print('连接成功')
print(" -------------有序集合类型操作-------------" )
r. flushall( )
print("添加有序集合:" ,r. zadd("班长选举",{"张三":100," 李四" :56," 王五" :72," 陈六" :45," 刘七" :43}))
print("有序集合元素个数:" ,r. zcard("班长选举") )
print("查询分数在50 到100 之间:" ,r. zcount("班长选举" ,50,100))
print("按分数从低到高排序:" ,r. zrange("班长选举" ,start =0,end =-1,desc =False))
```

```
elementValue ="王五"
print('查询王五的分值',r. zscore("班长选举",elementValue))
print("查询王五的排名:",r. zrank("班长选举",elementValue))
print("删除王五:",r. zrem("班长选举",elementValue))
print("删除王五后的排序:",r. zrange("班长选举",start=0,end=-1,desc=False))
```

4.4.2.5 哈希操作函数

Redis 数据库的哈希数据类型是由一个字符串类型的键和值组成的映射表,适用于存储对象。哈希数据类型有些像 Python 中的字典,可以存储一组关联性较强的数据。

（1）hset 函数。该函数向一个键对应的哈希表中添加一个映射对。

```
redis. hset(name,key,value)
```

参数

　　name:字符型,键名称。

　　key:哈希表映射键名。

　　value:哈希表映射键值。

（2）hmset 函数。该函数向一个键对应的哈希表中添加多个映射对。

```
redis. hset(name,mapping)
```

参数

　　name:字符型,键名称。

　　mapping:字典型,哈希表映射对。

（3）hget 函数。该函数通过一个键对应的哈希表中的映射键名获得映射值。

```
redis. hget(name,key)
```

参数

　　name:字符型,键名称。

　　key:哈希表映射键名。

（4）hkeys 函数。该函数获取一个键对应的哈希表中的所有映射键名。

```
redis. hkeys(name)
```

参数

　　name:字符型,键名称。

（5）hvals 函数。该函数获取一个键对应的哈希表的所有映射键值。

```
redis. hvals(name)
```

参数

name:字符型,键名称。

(6)hgetall 函数。该函数获取一个键对应的哈希表中的所有映射对。

redis. hgetall(name)

参数

name:字符型,键名称。

(7)hexists 函数。该函数判断一个键对应的哈希表中的某个映射键是否存在。

redis. hexists(name,key)

参数

name:字符型,键名称。

key:哈希表映射键名。

(8)hlen 函数。该函数用于计算一个键对应的哈希表中的映射对的个数。

redis. hlen(name)

参数

name:字符型,键名称。

(9)hdel 函数。该函数删除一个键对应的哈希表中的一个或多个映射键。

redis. hdel(name,keys)

参数

name:字符型,键名称。

keys:哈希表映射键名列表。

例 4.15 这个例子通过 Redis 数据库的哈希函数操作哈希表,包括向哈希表中插入 1 条或多条映射对,查询映射对,以及删除映射对。Python 程序名为 ch4example15. py,代码如下:

```
import redis
r =redis. Redis( host =' 127. 0. 0. 1' ,port =6379,db =0,
        password =None,encoding =' utf-8' )
print(' 连接成功' )
print(" -------------哈希类型操作-------------" )
r. flushall( )
print(" 添加一个哈希数据:" ,r. hset(" 数字" ," 1" ," 壹" ) )
print(" 添加多个哈希数据:" ,r. hmset(" 数字" ,{'2' :'贰' ,'3' :'叁' ,'4' :'肆' ,'5' :'伍' ,
'6' :'陆' } ) )
```

```
print("查询所有哈希数据:",r.hgetall("数字"))
print("查询哈希键3的值:",r.hget("数字","3"))
print("查询所有哈希键名:",r.hkeys("数字"))
print("查询所有哈希映射值:",r.hvals("数字"))
print("查询哈希表长度:",r.hlen("数字"))
print("判断哈希表的键名'6'是否存在:",r.hexists("数字",'6'))
print("判断哈希映射键名'7'是否存在:",r.hexists("数字",'7'))
print("哈希映射对的个数:",r.hlen("数字"))
print("删除哈希的键名4:",r.hdel("数字",'4'))
print("查询删除后的哈希表:",r.hkeys("数字"))
```

习题

1. 给定 Python 字典:data={'name':'苹果','weight':3},列表:l=(a,b,c),元组:y=[1,2,3]

完成下述操作:

(1)将 Python 的字典 data 编码成 json 字符串,打印创建后的 json 数据。

(2)将 json 字符串 a=json.dumps(data)编码成 Python 对象,并打印结果。

(3)将列表 l 编码成 json 字符串,打印创建后的 json 数据。

(4)将 json 字符串 b=json.dumps(l)编码成 Python 对象,并打印结果。

(5)将元组 y 编码成 json 字符串,打印创建后的 json 数据。

(6)将 json 字符串 c=json.dumps(y)编码成 Python 对象,并打印结果。

2. 给定下述字典:

```
data={
        'name':'苹果',
        'a':[1,2,3],
        'b':(a,b,c)
        }
```

(1)将 data 转换为 json 字符串,并打印运算结果。

(2)将 json 字符串存入一个文件中。

(3)用 load 函数从上面 json 文件中读取数据。

3. 利用 Python 操作 Excel 文件。

(1)创建一个新的 Excel 文件,一个工作簿(workbook)在创建的时候同时至少新建一张工作表(worksheet)。

(2)文件名为 test,保存上述空 Excel 表。

(3)在 test 中新建一张工作表 sheet2。

（4）获取 test 的所有表名。

（5）根据表名删除 test 中的一个 sheet 表。

（6）根据表名打开 test 中的一个 sheet 表。

4. 利用 Python 写入 Excel 文件。

（1）打开 test 文件，并获取一个 sheet 表。

（2）把数值 12 赋值给单元格的第一行第二列。

（3）用 15 直接修改单元格 A5 的值。

（4）设置 B11 单元格的值为 211。

（5）将当前表名修改为"我的工作表"。

5. 利用 Python 读取 Excel 文件。

（1）打开 test 文件，并获取"我的工作表"。

（2）获取"我的工作表"的最大列数。

（3）获取"我的工作表"的最大行数。

（4）获取单元格 C2 的行号。

（5）获取第 2 行第 3 列的单元格值。

（6）获取 B 列的所有数据。

（7）获取第 3 行的所有数据。

（8）按行循环获取所有数据，并保存在一个列表中。

6. 使用 pymysql 库建立与 MySQL 数据库连接。

（1）利用 connect( ) 函数建立数据库连接。

（2）利用 cursor( ) 函数创建一个游标对象。

（3）利用 SQL 语句新建一个名为 ch4excisedb 的 DATABASE。

（4）利用 SQL 语句删除一个名为 ch4excisedb 的 DATABASE。

（5）关闭游标。

（6）断开数据库连接。

7. 使用 pymysql 库创建数据表。

（1）新建一个名为 ch4excisedb 的 DATABASE。

（2）创建一个名称为 xuesheng 的数据表，结构为 name VARCHAR（20）NOT NULL，Email VARCHAR（20），Age int。

（3）将数据 value = （（'张三'，'zhangs@ qq. com'，20），（'李五'，'liw@ qq. com'，19），（'陈六'，'chenl@ qq. com'，20））插入数据表 xuesheng 中。

（4）查询数据表中所有数据。

（5）删除数据表中的一条数据。

（6）修改数据库中的任意一条数据。

8. 使用 pymongo 库建立与 MongoDB 数据库连接。

(1)连接 MongoDB 数据库,并查询数据库列表。

(2)创建一个名为 ch4mongodbexcise 的数据库。

(3)切换到该数据库,并创建一个集合。

(4)将文档:doc=[{"name":"张三","年龄":"19"},{"name":"李五","年龄":"20"},{"name":"陈六","年龄":"21"},{"name":"黄七","年龄":"20"},{"name":"王二","年龄":"21"}]

(5)查找一条记录,并打印结果。

(6)查找多条记录,并打印结果。

(7)查询所有年龄等于21岁的记录,并打印结果。

(8)查询年龄20岁或年龄小于20岁的记录,并打印结果。

9. 使用 redis 库创建与 Redis 数据库连接,并进行字符串类型操作。

(1)将数据{'学生姓名':'张三'}添加到 Redis 数据库。

(2)根据"学生姓名"查询一条记录,并打印结果。

(3)将{'学生姓名':'张三','学生姓名':'王二','学生姓名':'李五'}批量添加到 Redis 数据库。

(4)根据"学生姓名"查询多条记录,并打印结果。

(5)删除数据表中的一条数据。

(6)查询"学生姓名"的值的长度。

(7)利用 append 命令给"学生姓名"的字符串追加值。

10. 使用 redis 库创建与 Redis 数据库连接,并进行列表类型操作。

(1)利用 lpush()将数据{'学生姓名':'陈一','张二','王三','李五','薛六'}添加到 Redis 数据库的列表中,用 lrange()查询并打印结果。

(2)利用 lpop()将"陈一"从列表中删除,用 blpop()获取被删除的元素,用 lrange()查询并打印结果。

(3)利用 rpush()将数据{'学生成绩':90,89,88,95,91}添加到 Redis 数据库,用 lrange()查询并打印结果。

(4)利用 rpop()将91从键为"学生成绩"列表中删除,用 lrange()查询并打印结果。

(5)利用 llen()函数计算列表名字为"学生姓名"对应的元素的个数,并打印结果。

(6)利用 linsert()函数对列表名字为"学生成绩"的元素88的前后都插入数字100,并打印结果。

(7)用 lindex()函数查询列表名字为"学生姓名"中的"张二",并打印结果。

（8）用 lset( ) 将列表名字为"学生姓名"中的"薛六"替换成"刘六"，并打印结果。

（9）用 lrem( ) 函数删除列表名字为"学生成绩"中的前两个元素，并打印结果。

11. 使用 redis 库创建与 Redis 数据库连接，并进行集合类型操作。

（1）利用 sadd( ) 函数将数据('水果','香蕉','香梨','葡萄','苹果','橙子','桃子')添加到 Redis 数据库的集合中，并查询有几种水果及具体水果名称，打印结果。

（2）利用 srem( ) 函数将"葡萄"从列表中删除，查询剩余水果，并打印结果。

（3）利用 spop( ) 函数在集合中随机获取一个元素，并将其移除，打印剩余的水果种类结果。

（4）从集合中随机查询一种水果，并打印结果。

（5）判断"苹果"是否在集合中，并打印结果。

（6）将数据{'字母集1','A','B','C','D'}和{'字母集2','C','D','E','F'}插入集合中，并查询插入结果。

（7）对"字母集1"集合和"字母集2"集合进行交集运算，并打印运算结果。

（8）对"字母集1"集合和"字母集2"集合进行差集运算，并打印运算结果。

（9）对"字母集1"集合和"字母集2"集合进行并集运算，并打印运算结果。

12. 使用 redis 库创建与 Redis 数据库连接，并进行有序集合类型操作。

（1）利用 zadd( ) 函数将数据("学生分数",{"张三":91,"李四":96,"王五":82,"陈六":88,"刘七":93})添加到 Redis 数据库的有序集合中，并查询插入结果，打印结果。

（2）统计有序集合"学生分数"中有多少学生，并打印结果。

（3）查询 90 分到 100 分区间的学生数，并打印查询结果。

（4）查询 80 分到 90 分区间的学生并按分数排名，打印结果。

（5）判断"苹果"是否在集合中，并打印结果。

（6）查询"王五"在有序集合"学生分数"中的名次，并打印查询结果。

（7）将"李四"从有序集合"学生分数"中删除，并打印剩余结果。

（8）对有序集合"学生分数"加入一个学生"丁八":86，并打印结果。

（9）查询"丁八"在有序集合"学生分数"中的排名，并打印结果。

13. 使用 redis 库创建与 Redis 数据库连接，并进行哈希类型操作。

（1）将数据("学生信息",{'姓名':'张三','年龄':'22','性别':'男','职业':'学生','爱好':'足球'})添加到 Redis 数据库的哈希表中，并查询和打印插入结果。

（2）查询哈希表中学生的姓名信息，并打印结果。

（3）查询哈希表中的学生所有信息，并打印查询结果。

（4）查询哈希表中有几个键值对，并打印结果。

（5）查询哈希表的所有键名，并打印结果。

（6）查询哈希表的所有键值，并打印查询结果。

（7）查询键名"爱好"是否存在，并打印结果。

（8）查询键名"住址"是否存在，并打印结果。

（9）删除键名"职业"，并打印结果。

5 大数据分析与挖掘

本章提要

1. 理解先验概率、类别条件概率（似然度）的定义和计算方法，区分后验概率和先验概率之间的差异，能够推导并应用贝叶斯公式。

2. 掌握 Python 中的贝叶斯模型 GaussianNB 的参数和使用，正确使用 fix( ) 函数和 predict( ) 函数。能够从已完成训练的模型中获取各种参数。

3. 能够理解数据预处理对算法的重要性，能够使用对数据进行标准化的 MinMaxScaler 类和 StandardScaler 类。

4. 数据的预处理还包括对分类特征变量进行标签编码和独热编码，能够单独使用 LabelEncoder 类和 OneHotEncoder 类，以及混合使用这两种编码。

5. 能够利用 Simpleimputer 类处理数据集中的缺失数据，掌握替换缺失值的基本策略。

6. 能够利用 train_test_split( ) 函数随机划分一个数据集，产生一个训练集和一个测试集；能够利用该函数的参数来随机客观地划分数据集。

7. 本章的案例提供大数据分析的每个重要步骤，并结合 Python 掌握案例数据的补缺处理、字符的标签编码和独热编码、变量的标准化、数据集的划分，以及模型的训练和评估。

5.1 数据分析

数据是用于决策的基础。数据是我们可以观察到的结果,是通过实验、测量、观察或调查实现的。找出数据背后的规律,利用这些规律可以给各类机构和个人创造价值。如果我们收集了大量数据并将它们存储在数据库中,那么对数据规律的发现就需要应用适当的分析方法和数学模型。

数据分析的目标是为了从数据中提取有用信息和形成决策依据。一般来说,数据被分为定性数据和定量数据两大类。数据的观察结果不能用数值进行测度,这类数据被称为定性数据,如性别、商品的品质等。定量数据则是可以对数据的观察结果进行测量,如距离、时间等。

我们讨论数据分析的流程,基本包括三个方面:数据收集、数据清洗和数据挖掘。数据收集是依据给定的设计方案进行数据采集,如你可以通过设计一个关于北京房价趋势的问卷调查来进行相关数据采集。数据清洗是对采集到的数据进行错误纠正的过程,比如对一个序列数据的遗漏进行补缺。数据挖掘是通过某种算法找到数据背后的规律,例如,通过对某只股票的 5 日收盘价数据进行 5 日均值计算。

在数据分析过程中,数据挖掘模型是最重要的技术之一,模型结果为决策者提供了决策依据。近年来,随着大数据技术的快速发展,数据模型方法也在不断发展,内容非常丰富。本章我们讨论贝叶斯决策模型的基本原理,并讨论处理一个数据集的基本步骤。

5.2 贝叶斯分类决策

贝叶斯分类算法是一种基于概率的分类方法,而朴素贝叶斯分类是贝叶斯分类中的一种,其分类原理是利用类别变量的先验概率和条件概率来计算后验概率,最后选择具有最大后验概率的那个类别作为决策标准。

5.2.1 贝叶斯决策的基本原理

贝叶斯决策是依据概率论模型来描述一组数据,我们以变量 X 来表示数据,以变量 h 表示一个二分类决策。这时贝叶斯决策模型就是在给定数据的条件下,选择一个好的结果。我们通过一个例子来说明其原理。假设 h_1 和 h_2 分别表示一条水产品加工生产线上的两个选择,如果是鲈鱼用 h_1 表示,如果是三文鱼就用 h_2 表示,设 h 为一个分类决策变量,则有:

$$h = h_1 \quad 是鲈鱼$$
$$h = h_2 \quad 是三文鱼$$

那么 h 的先验概率是指根据历史分类数据计算得到的一种概率,将其分别表示为:

$$P(h_1):鲈鱼的先验概率$$
$$P(h_2):三文鱼的先验概率$$
$$P(h_1) + P(h_2) = 1$$

这种先验概率的计算是较为简单直观的,比如,我们利用过去 30 天的每日分类数据,就能够分别计算出鲈鱼和三文鱼出现的比例,而这个比例就被看成是 h 的先验概率。

在没有更多信息的情况下,这时的贝叶斯决策完全根据 h 的先验概率的值:

$$如果 P(h_1) > P(h_2),那么选择鲈鱼$$
$$如果 P(h_2) > P(h_1),那么选择三文鱼$$

我们如何评价这个分类?

如果 $P(h_1) = 0.65$,$P(h_2) = 0.35$,其结果是我们总会选择鲈鱼。

如果 $P(h_1) = P(h_2) = 0.5$,意味着可随机选择鲈鱼或三文鱼,这时的决策将是非常模糊不清的,是非常不好的。这是因为没有更多信息,我们无法做出更好的决策。

在上述关于鲈鱼和三文鱼的分类决策中,我们可以通过观察鱼的一些特征来改进我们的决策。鱼的特征包括鱼的长度、重量或表面光亮程度等,这些特征都是可以通过具体观察获得并且可以量化的。

特征空间是指所有特征或观察值的集合,在这个例子中,如果我们只选择上面三个特征,我们就获得了一个三维空间的特征向量,以 $\boldsymbol{X}$ 表示这个三维特征向量。

定义分类决策变量 h 的条件概率如下:

$$P(\boldsymbol{X}|h)$$

这个条件描述了在一个给定类别的情况下,特征向量 $\boldsymbol{X}$ 的概率密度函数。大家想一想共有几个条件概率分布?

那么有了先验概率,再加上类别的条件概率,我们能否改进我们的分类决策?答案是肯定的。

分类决策变量 h 的后验概率的定义如下,对于给定的特征向量 $\boldsymbol{X}$ 作为条件,类别变量 h 的条件概率为:

$$P(h|\boldsymbol{X})$$

可以理解为当 $\boldsymbol{X}$ 出现后(这里指你看到的鱼的长度、重量和表面光亮程度)属于某

个类别的条件概率。与先验概率的区别在于先验概率 $P(h)$ 不依赖特征 x,而后验概率 $P(h|x)$ 依赖特征 x。

根据贝叶斯公式,我们有:

$$P(h,x) = P(h|x)P(x) = P(x|h)P(h)$$

那么就获得后验概率的表达式:

$$P(h|x) = (P(h)/P(x))P(x|h)$$

其中,类别条件概率 $P(X|h)$ 也被称为似然度,$P(x)$ 被称为显示项。所以,这个公式可以被解释为:

$$后验概率 = (先验概率/显示项) \times 似然度$$

这个关系说明,后验概率与表达式(先验概率/显示项)和似然度之间都成正比关系。所以,后验概率的计算可以从上述公式的右端获得。

对于给定的特征变量 X,我们的最优决策将是选择具有较大值的后验概率的那个类别。相对仅仅依赖先验概率 $P(h)$ 的决策,基于后验概率的决策可以通过似然度来优化决策。

我们考虑贝叶斯决策的两个特例。首先,如果 $P(x|h_1) = P(x|h_2)$,即两个类别的似然度相等,则贝叶斯决策仅依赖于先验概率。其次,如果先验概率服从均匀分布,则贝叶斯决策仅依赖于似然度。

结论:贝叶斯决策依赖先验概率和似然度,贝叶斯公式将两者结合,最终获得了贝叶斯决策算法。

对于多个特征变量 $X = \{X_1, X_2, \cdots, X_p\}$,需要计算的条件概率 $P(\{X_1, X_2, \cdots, X_p\}|h)$ 较为复杂。一个简化的版本是假设对于给定的分类决策变量 h,我们假设特征变量之间相互独立,x 是 p 维向量,那么就有:

$$P(X/h_i) = \prod_{j=1}^{P} P(X_j/h_i)$$

我们称这种简化版本为朴素贝叶斯决策算法。

5.2.2 贝叶斯决策的基本参数计算

朴素贝叶斯决策模型的参数就是先验概率和似然度。我们对二分类和多个特征变量的情况进行讨论。首先考虑特征变量是离散的情形。

设特征变量 $X = \{X_1, X_2, \cdots, X_p\}$ 的取值为离散值,且 h 为二元分类决策变量,其取值分别为 0 和 1。数据的记录总数为 N。

第一组参数,即先验概率的计算如下:

$$P(h=0) = N_0/N$$

$$P(h=1) = N_1/N$$

其中, N_0 和 N_1 分别为对应 $h=0$ 和 $h=1$ 的记录数,并且有:

$$P(h=0)+P(h=1)=1$$

第二组参数,即似然度的计算(见表 5.1),假设每个特征变量的可能取值如下:

$$X_j = X_{j1}, X_{j2}, \cdots, X_{jk} \qquad j=1,2,\cdots,p$$

表 5.1　朴素贝叶斯的似然度算法

	$X_j = X_{j1}$	$X_j = X_{j2}$	...	$X_j = X_{jk}$
$H=0$	f_{j1}/N_0	f_{j2}/N_0	...	f_{jk}/N_0
$H=1$	g_{j1}/N_1	g_{j2}/N_1	...	g_{jk}/N_1

其中, f_{jk}/N_0 和 g_{jk}/N_1 分别是当 $h=0$ 和 $h=1$ 时,特征变量 X_j 各种取值出现的次数。

如果特征变量 $X=\{X_1, X_2, \cdots, X_p\}$ 的取值为连续值时,先验概率的计算与上面相同。似然度就是计算特征变量的条件均值和条件方差。我们选择 X_j 服从高斯分布,其条件均值和条件方差的计算分别为:

$$E[X_j|h=0], E[X_j|h=1] \qquad j=1,2,\cdots,p$$

$$E[(X_j-E[X_j|h=0])], E[(X_j-E[X_j|h=1])] \qquad j=1,2,\cdots,p$$

所以,我们可以看到贝叶斯决策模型的参数计算过程就是利用数据集分别估计先验概率和似然度。

我们通过一个具体的例子来讨论贝叶斯决策模型的参数计算。表 5.2 提供了一个简单的数据集,它共有 14 条记录、4 个特征变量和 2 个类别。

表 5.2　一个简单的数据集(1)

日照	温度	湿度	风	户外活动的选择
晴	炎热	高	无风	否
晴	炎热	高	有风	否
多云	炎热	高	无风	是
雨	温和	高	无风	是
雨	冷	正常	无风	是
雨	冷	正常	有风	否
多云	冷	正常	无风	是
晴	炎热	高	有风	否

续表

日照	温度	湿度	风	户外活动的选择
晴	炎热	高	有风	否
雨	温和	正常	无风	是
晴	温和	正常	有风	是
多云	温和	高	有风	是
多云	炎热	正常	无风	是
雨	温和	高	有风	否

由于表5.2中的4个特征变量和分类变量的取值都是中文字符,所以,需要将它们转换为数值型的,令:

$$X_1 = [1,2,3] \text{分别对应} \{晴,多云,雨\}$$

$$X_2 = [1,2,3] \text{分别对应} \{炎热,温和,冷\}$$

$$X_3 = [1,2] \text{分别对应} \{高,正常\}$$

$$X_4 = [1,2] \text{分别对应} \{无风,有风\}$$

$$h = \{0,1\} \text{分别对应} \{否,是\}$$

这样进行替换后,我们就获得一张新的表(表5.3)。

表5.3　一个简单的数据集(2)

X_2	X_2	X_2	X_4	h
1	1	1	1	0
1	1	1	2	0
2	1	1	1	1
3	2	1	1	1
3	3	2	1	1
3	3	2	2	0
2	3	2	1	1
1	1	1	2	0
1	1	1	2	0
3	2	2	1	1
1	2	2	2	1
2	2	1	2	1
2	1	2	1	1
3	2	1	2	0

这样,我们通过表5.3就可以计算这个贝叶斯决策模型的先验概率和似然度。数据总记录数为 $N=14$。满足 $H=0$ 的记录数 $N_0=6$,满足 $h=1$ 的记录数 $N_1=8$,所以先验概率的计算如下:

$$P(h=0)=\frac{N_0}{N}=\frac{6}{8}$$

$$P(h=1)=\frac{N_1}{N}=\frac{8}{14}$$

特征变量 X_1 的似然度见表5.4。

表5.4 特征变量 X_1 的似然度

	$X_1=1$	$X_1=2$	$X_1=3$
$h=0$	4/6	0/6	2/6
$h=1$	1/8	4/8	3/8

特征变量 X_2 的似然度见表5.5。

表5.5 特征变量 X_2 的似然度

	$X_2=1$	$X_2=2$	$X_2=3$
$h=0$	4/6	1/6	1/6
$h=1$	2/8	4/8	2/8

特征变量 X_3 的似然度见表5.6。

表5.6 特征变量 X_3 的似然度

	$X_3=1$	$X_3=2$
$h=0$	5/6	1/6
$h=1$	3/8	5/8

特征变量 X_4 的似然度见表5.7。

表5.7 特征变量 X_4 的似然度

	$X_4=1$	$X_4=2$
$h=0$	2/6	1/6
$h=1$	6/8	5/8

假设明天的天气预报为:日照 = "晴(1)",温度 = "冷(3)",湿度 = "高(1)",风 = "有风(2)",或$(X_1, X_2, X_3, X_4) = (1, 3, 1, 2)$,那么利用上述先验概率和类别条件概率预测是否适合进行户外活动。根据贝叶斯公式,分别有:

$$P(X_1 = 1 | h = 1) P(X_2 = 3 | h = 1) P(X_3 = 1 | h = 1) P(X_4 = 2 | h = 1) P(h = 1) = \frac{1}{8} \times$$

$$\frac{2}{8} \times \frac{3}{8} \times \frac{2}{8} \times \frac{8}{14} = 0.0017$$

$$P(X_1 = 0 | h = 0) P(X_2 = 3 | h = 0) P(X_3 = 1 | h = 0) P(X_4 = 2 | h = 0) P(h = 0) = \frac{4}{6} \times$$

$$\frac{1}{6} \times \frac{5}{6} \times \frac{5}{6} \times \frac{6}{14} = 0.0330$$

根据对比,由于 0.0330 大于 0.0017,所以选择不外出。

5.3 贝叶斯决策的 Python 库

在 Python 的机器学习算法库中就有贝叶斯分类算法。一共有 3 种形式的贝叶斯分类算法,分别为:GaussianNB,MultinomialNB,BernoulliNB。

其中 GaussianNB 是假设先验概率服从高斯分布的贝叶斯分类,MultinomialNB 是先验概率服从多项式分布的贝叶斯分类算法,而 BernoulliNB 是先验概率服从伯努利分布的贝叶斯分类算法。

这三种分类算法适用的分类场景各不相同,主要是根据数据类型进行模型的选择。一般来说,如果样本特征变量的取值以连续数值为主,这时使用 GaussianNB 会比较好。如果样本特征变量的取值以离散值为主,使用 MultinomialNB 比较合适。如果样本特征变量的取值以二元稀疏(0,1)为主,就应该使用 BernoulliNB。

接下来,我们主要介绍模型 GaussianNB,另外两个模型的调用方法与该模型相似,大家也可访问其官方网站。

模型 GaussianNB() 的继承类为:

```
class sklearn. naive_bayes. GaussianNB( priors, var_smoothing)
```

参数

priors:分类变量数组,默认值为 None,这时模型将自动计算所有类别的先验概率。

var_smoothing：为一个浮点型数。当特征变量存在较大方差时，可用于计算稳定性，默认等于1e-09。

训练好的 GaussianNB 模型将通过属性值提供对数据集训练后的参数，主要的属性值如下：

（1）class_prior_，通过它可获得每个类别的先验概率。

（2）class_count_，通过它可获得每个类别的训练样本个数。

（3）theta_，通过它可获得以类别为条件的特征变量的均值。

（4）sigma_，通过它可获得以类别为条件的特征变量的方差。

GaussianNB 模型的成员函数提供了对数据集训练、预测和评估的功能。最主要的成员函数如下。

（1）函数 fix(X,y) 可以用于对指定的数据集进行模型训练。参数 X 是特征变量，参数 y 是分类变量。函数的返回值为 self，即返回训练好的模型。

（2）函数 predict(X) 可对一个新的样本或原始数据集中的任何一个样本进行分类预测，参数 X 可以是一条记录，也可以是多条记录。函数的返回值将返回记录 X 的分类结果。

（3）函数 score(X,y) 可对模型的精准度进行评估。参数 X 为 n 条测试样本，参数 y 为对应这些测试样本的真实标签。函数的返回值将返回测试样本的分类精度。

例 5.1 在这个例子中，我们对表 5.3 中的数据用 GaussianNB 模型进行训练后，就获得了模型，再通过模型来获取参数。Python 程序名为 ch5example1.py，代码如下：

```
from  sklearn. naive_bayes import GaussianNB
import  numpy as np
print(" -------------读取训练集数据-------------" )
x=np. array([[1,1,1,2],[1,1,1,1],[2,1,1,2],[3,2,1,2],[3,3,2,2],[3,3,2,1],
[2,3,2,2],
    [1,1,1,1],[1,1,1,1],[3,2,2,2],[1,2,2,1],[2,2,1,1],[2,1,2,2],[3,2,1,1] ])
y=[0,0,1,1,1,0,1,0,0,1,1,1,1,0]
print(" x =: \n" ,x)
print(" y =: \n" ,y)
print(" -------------训练-------------" )
gnb=GaussianNB( ). fit(x,y)
print(" 训练成功")
print(" -------------参数-------------" )
print(" 先验概率:" ,gnb. class_prior_)
```

```
print("类别样本分布:",gnb. class_count_)
print(" ------------预测------------")
y_pred=gnb. predict(np. array([[1,3,1,1]]))
print("分类结果:" +str(y_pred))
```

该程序的运行如下:先验概率为[0.43 0.57],类别的样本分布为[6 8],预测结果为0,即不进行户外活动。

5.4 数据标准化

对于一般数值型变量,我们需要对它们进行标准化,从而使不同量纲的数据转换为相同量纲。比如,考虑下述 3 个变量。

变量1:人的身高可以从 1.3 米到 1.9 米。

变量2:人的体重可以从 50 公斤到 200 公斤。

变量3:人的年收入可以从 3 万元到 100 万元。

因为量纲不一样,在上述三组数据中,显然收入变量具有绝对数值大而将直接影响 y 和主导其他两个变量。通过数据标准化就可以避免这种问题。

常见的数据标准化方法有区间缩放方法和 Z-分布方法。这 2 个标准化的公式分别为:

$$区间缩放:X=\frac{X-\min(X)}{\max(X)-\min(X)}$$

$$Z-分布:X=\frac{X-\text{mean}(X)}{\text{SD}(X)}$$

其中,$\max(X)$ 为一个变量的最大值,$\min(X)$ 为一个变量的最小值,$\text{mean}(X)$ 为一数组的均值,$\text{SD}(X)$ 为一数组的标准差。

两种标准化之后的结果分别为按 min-max 区间缩放后的变量的取值范围在 [0,1] 区间,按 Z-分布处理后的数据取值范围在 [-3,3] 区间。

Python 的 sklearn. preprocessing 类提供了对数据进行标准化的函数 MinMaxScaler 和 StandardScaler,下面我们对这些函数进行介绍。

函数 MinMaxScaler() 将数据集中每一个特征变量缩放到给定的范围,将数据的每一个元素减去最小值,然后除以(最大值-最小值)。

```
sklearn. preprocessing. MinMaxScaler(feature_range=(0,1),copy=True)
```

参数

feature_range:元组(min,max),默认为(0,1),所需的转换数据范围。

copy:布尔型,是否将转换后的数据覆盖原数据,默认为 True。

函数:

fit(self,X[,y])计算缩放用的最大值和最小值。

fit_transform(self,X[,y])计算缩放用的最大值和最小值,并返回转换后的数据。

函数 StandardScaler()标准化数据集通过减去均值然后除以方差或标准差得到,用这种数据标准化方法之后,处理的数据将符合标准正态分布,即均值为 0,标准差为 1。

sklearn. preprocessing. StandardScaler(copy =True,with_mean =True,with_std =True)

参数

copy:布尔型,默认为 True,保存副本;如果为 False,则不保存副本。

with_mean:布尔型,默认为 True,指定数据均值。

with_std:布尔型,默认为 True,指定数据标准差。

函数:

fit(self,X[,y])计算缩放用的均值和方差。

fit_transform(self,X[,y])计算缩放用的均值和方差,并返回转换后的数据。

例5.2 在这个例子中,我们介绍如何利用 Python 的机器学习算法库的数据预处理函数 MinMaxScaler 和 StandardScaler 对数据进行标准化。Python 程序名为 ch5example2. py,其代码如下:

```python
from sklearn import preprocessing
from sklearn. preprocessing import MinMaxScaler
from sklearn. preprocessing import StandardScaler
import numpy as np
print(" -------------准备数据-------------" )
data =np. reshape( np. arange( 0,25,1 ) , ( 5,5) )
print(" data =: \n" ,data)
print(" -------------MinMaxScaler-------------" )
mmscaler =MinMaxScaler( feature_range =( 0,1) )
print(" 计算用于缩放的最小值和最大值: \n" ,mmscaler. fit( data) )
print(" 每个特征的最小值: \n" ,mmscaler. data_min_)
print(" 每个特征的最大值: \n" ,mmscaler. data_max_)
mmscaler_data =mmscaler. fit_transform( data)
print(" 用 MinMaxSceler 标准化后的数据: \n" ,mmscaler_data)
```

```
print("还原数据:\n",mmscaler. inverse_transform(mmscaler_data))
print(" -------------StandardScaler-------------")
sscaler =StandardScaler()
sscaler. fit(X =data)
print("每个特征的均值:\n",sscaler. mean_)
print("每个特征的方差:\n",sscaler. var_)
sscaler_data =sscaler. fit_transform(data)
print("用 StandardScaler 标准化后的数据:\n",sscaler_data)
```

对于定性变量,比如英文字母、汉字,或其他符号,通常代表某种类别,由于定性变量的取值为非数字型,不能直接使用,而大多数机器学习算法只能接受数值变量的输入,所以我们需要将定性特征变量转换为数值变量。比如,X =[男,女],转为数值后,X =[0,1],由于模型会把 X 默认为连续型数值进行处理,这样其实是违背了我们数值化的本意,将会影响模型效果。

为了解决定性变量存在的这些问题,一种独热编码方法可以解决这个问题。独热编码的方法是使用 N 位状态寄存器来对 N 个状态进行编码,每个状态放在一个寄存器内,并且在任意时候,其中只有一位有效。如何理解上述这段话,我们来看几个例子,对于上面的变量 X,因为取值为 0,1,属于 2 个状态,这时的独热编码为 10(对应数值 0)和 01(对应数值 1)。对于有 3 个取值的变量,Y =[0,1,2]的独热编码为 100,010,001,分别对应数值 0,1,2。以此类推,对于有 m 个取值的变量,经过独热编码处理后,转为 m 个编码,每次只有一个被激活。

Python 的数据预处理类提供独热编码的函数 OneHotEncoder 用于处理类别型数据。为了对数字、文本、类别等定性变量的取值进行数值编号,我们需使用标签编码函数 LabelEncoder 对它们取值的种类进行标注。

标签编码函数 LabelEncoder 将 n 个类别编码为 0 到 $n-1$ 之间的整数,包含 0 和 $n-1$。

sklearn. preprocessing. LabelEncoder

函数:
fit(y)计算 y 的编码。
fit_transform(y)计算 y 的编码并返回编码后的数据。
独热编码函数 OneHotEncoder 可以对数据标签和特征变量进行独热编码。

sklearn. preprocessing. OneHotEncoder (categorical _ features, handle _ unknown, sparse)

参数

categorical_features:默认为 all,即传递进来的数据集的所有特征变量都需要编码,每列表示一个特征。

handle_unknown:默认为"error",这个参数的目的是数据在转化为 one-hot 编码时,如果遇到一个特征的值没有事先指定,如果是 error 的话,程序就报错停止了,如果选择"ignore",程序可以继续执行。

sparse=True:表示编码的格式,默认为 True,即为稀疏格式,选择 False 就不是稀疏格式了。

函数:

fit(X)对数据集 X 进行编码。

transform(X)对数据集 X 进行编码。

fit_transform(X)对数据集 X 进行编码,并返回编码后的数据。

属性:

n_values_记录每一个特征的最大取值数目。

feature_indices_记录特征在新编码下的索引位置。

例 5.3 在这个例子中,我们介绍标签编码函数和独热编码函数的使用,我们还将讨论这两种编码的混合使用。Python 程序名为 ch5example3. py,其代码如下:

```
from sklearn import preprocessing
from sklearn. preprocessing import   OneHotEncoder
import numpy as np
print("-------------准备数据-------------")
data=np. array(["北京","上海","北京","深圳"])
print("data=:\n",data)
print("-------------LabelEncoder 标签编码-------------")
l=preprocessing. LabelEncoder()
l. fit(data)
print("查看原始类别:\n",l. classes_)
print("查看编码后的类别:\n",l. fit_transform(data))
print("-------------OneHotEncoder 独热编码-------------")
t=np. array([[0,0,3],[1,1,0],[0,2,1],[1,0,2]])
print("查看特征变量:\n",t)
e=OneHotEncoder(sparse=False)
e. fit(t)
print("查看训练后特征取值:\n",e. categories_)
nt=np. array([[0,1,3]])
```

```
print("查看新特征:\n",nt)
print("对新特征编码:\n",e. transform(nt))
print("-------------标签编码和独热编码的应用-------------")
p=l. fit_transform(data)
print("查看标签编码:\n",p)
r=e. fit(p. reshape(-1,1))
print("查看独热编码:\n",r. categories_)
x=e. transform(l. transform(["上海","深圳"]). reshape(-1,1))
print("查看混合编码:\n",x)
```

在现实中数据集难免包含有缺失数据,这些缺失值往往被编码成空格、NaN 或者是其他的占位符。这样的数据集并不能被大多数的机器学习算法所兼容,因为大多数的学习算法都会默认变量的取值都是数值,这就要求所有特征变量的值不能够为缺失值。Python 的数据预处理类中提供了 Imputer 类来处理缺失数据,处理缺失数据集的基本策略通常为使用缺失数值所在行或列的均值、中位数、众数来替代缺失值。同时,Imputer 类也兼容对不同的缺失值编码。

函数 Simpleimputer 用来处理缺失数据并提供了输入缺失值的基本策略,缺失值可以用常量值或缺失值所在列的统计信息(平均值、中位数或最频繁)进行填充。

sklearn. Impute. Simpleimputer(missing_values='NaN',strategy='mean',fill_value, copy=True)

参数

missing_values:缺失值,默认为"NaN"。

strategy:替换策略,字符串,默认为"mean",其他可选为"median"、"most_frequent"和"constant"。

fill_value:当 strategy 的参数为"constant"时,应当填充的字符串或值。

copy:默认为 True,表示不在原数据集上修改;为 False 时,在数据集上修改。

函数:

fit(X)在数据集 X 上拟合。

transform(X)填充数据集 X 中的缺失值。

fit_transform(X)拟合数据 X,并填充缺失值。

例 5.4　在这个例子中,我们介绍如何处理数据集中的缺失数据,我们将使用列的均值和中位数来替代缺失值,同时讨论用一个常数来替换缺失值。Python 程序名为 ch5example3. py,代码如下:

```
from sklearn import preprocessing
```

```
from sklearn. impute import SimpleImputer
import numpy as np
print(" ------------准备数据------------" )
data=([[1,2,np. nan],[4,5,6],[7,np. nan,9],[10,11,12],[np. nan,14,15]])
print(" 查看数据集:\n" ,data)
print(" ------------按均值处理缺失值------------" )
si =SimpleImputer( missing_values =np. nan,strategy =' mean' )
print(" 拟合数据:" ,si. fit( data) )
print(" 查看填充值( 均值) :\n" ,si. statistics_)
print(" 查看填充后数据集:\n" ,si. transform( data) )
print(" ------------按中位数处理缺失值------------" )
si =SimpleImputer( missing_values =np. nan,strategy =' median' )
print(" 拟合数据并填充:" ,si. fit_transform( data) )
print(" 查看填充值( 中位数) :\n" ,si. statistics_)
print(" ------------按一个常数处理缺失值------------" )
si_con =SimpleImputer( missing_values =np. nan,strategy =' constant' ,fill_value =99)
print(" 拟合数据并填充:" ,si_con. fit_transform( data) )
```

5.5　案例分析

信用卡申请案例是根据信用卡申请人所填写的基本资料和金融机构获取的征信资料来决定是否接受申请人的卡申请或拒绝其卡申请。我们希望能够回答下述两个问题:

(1)我们能否建立一个模型,然后对一个新申请人提交的资料进行"发卡"或"拒绝发卡"的决策。

(2)我们需要评估模型,希望回答这种决策的可靠性是多少。

我们有关于这个案例的数据集,它来自 UCI 官方网站。数据集中包含一家日本银行信用卡申请者的基本数据。为了保护个人隐私,所有名字和相关信息都被修改成毫无意义的字母。数据集的记录总数为 690 条。共有 15 个特征变量和 1 个分类变量,接受申请人的申请为"+",拒绝申请人的申请为"−"。特征变量类型有一些是由字母表示的类别变量,有一些是由数值表示的变量,但存在缺失值。数据集的文件名为 crx. data,特征变量和分类变量取值的基本情况为:

A1:b,a

A2:实数

A3:实数

A4:u,y,l,t

A5:g,p,gg

A6:c,d,cc,i,j,k,m,r,q,w,x,e,aa,ff

A7:v,h,bb,j,n,z,dd,ff,o

A8:实数

A9:t,f

A10:t,f

A11:实数

A12:t,f

A13:g,p,s

A14:实数

A15:实数

A16:为符号"+""−"(+表示接受,−表示拒绝)

分类模型将根据特征变量 A1 到 A15 来确定是否给申请人发卡,这里类别是选择"+"或"−"。如果通过人工实施分类是件较复杂的工作,可能耗费许多人力和物力。机器学习中的分类算法则能够通过对数据的学习来找到数据之间的关系并获得模型的参数。在未来对新的记录(这里是新的信用卡申请人提交的申请资料)进行分类预测。

我们不难发现上述变量是无法直接提供给 Python 的贝叶斯分类模型,接下来,我们将介绍如何对这些数据进行预先处理。我们观察到,这 16 个变量可分为两种情形:数值型变量和类别型变量。比如,变量 A3 是一数值型变量,变量 A5 是一个取值为英文字符的类别型变量,而变量 A16 是符号表示的分类变量。

根据上一小节的讨论,我们需要对数据进行预处理。首先,我们需要处理这个数据集中存在的缺失数据;其次,我们要通过标签编码和独热编码对分类变量进行编码;最后,我们再对数据进行标准化处理。

首先我们来分析数据集 crx. data 中的记录,选择数据集中的下述 3 条记录:

b,34. 83,4,u,g,d,bb,12. 5,t,f,0,t,g,?,0,−

a,?,3. 5,u,g,d,v,3,t,f,0,t,g,00300,0,−

a,71. 58,0,?,?,?,?,0,f,f,0,f,p,?,0,+

可以看到,这三条记录中的"?"就是缺失值。这些缺失值既出现在数值型变量中,也出现在类别型变量中。在这里,我们处理该数据集中的缺失值的基本思路是将 15 个特征变量分解为两个部分,即由实数型变量组成的集合和由类别型变量组成的集合。对于前者,我们采用列均值来填充缺失值;对后者采用列众数来填充缺失值。

接下来,我们对 6 个数值型变量的数据集进行区间缩放的标准化处理,对 9 个类别型变量的数据集进行独热编码处理。我们将上述两个数据集进行合并就获得了一个新的数据集,共有 690 行和 49 个特征变量。

我们看到特征变量多出了 34 个,这是由于 9 个类别型变量共有 34 个不同的取值,独热编码对类别型变量进行编码后就多出了 34 个变量,9 个类别型变量的取值如下:

A1:["b","a"]

A4:["u","y","l","t"]

A5:["g","p","gg"]

A6:["c","d","cc","i","j","k","m","r","q","w","x","e","aa","ff"]

A7:["v","h","bb","j","n","z","dd","ff","o"]

A9:["t","f"]

A10:["t","f"]

A12:["t","f"]

A13:["g","p","s"]

同时我们也对分类变量,即原始数据集的最后一列进行转换,编码方式是将"+"转换为 0,将"−"转换为 1。过程就是类别型变量的数值化,对于变量 A16,设 Y 为一变量,当 A16 等于"−"时,$Y=1$,当 A16 等于"+"时,$Y=0$。

接下来,我们需要对新数据集进行训练集和测试集的划分,我们需要将数据集分为对应的两个部分,一个用于训练,另一个用于预测。我们可以随机选取 690 条记录中的 20%,或 138 条记录作为预测数据集,剩下的 552 条记录组成的数据集作为训练集。我们也可以将数据集以 70% 作为训练集,而 30% 作为测试集,或者还有其他的划分数据集的方法。

为了减少人为因素,sklearn 类提供了一个 train_test_split( ) 函数来随机划分样本数据为训练集和测试集,其优点在于我们可以随机客观地划分数据集。

函数 train_test_split( ) 将原始数据按照比例分割为测试集和训练集:

```
X_train,X_test,y_train,y_test
=sklearn. model_selection. train_test_split( train_data, train_target, test_size =0. 4, ran-
dom_state =0,stratify =y_train)
```

参数

train_data:待划分数据集的特征变量。

train_target：待划分数据集的标签。

test_size：测试数据占数据集的比例。若为浮点数时，表示测试集占数据集的百分比；若为整数时，表示测试数据样本数。默认为 None，test size 自动设置成 0.25。

random_state：设置随机数种子，默认为 None 时，每次生成的数据都是随机的，可能不一样；如果为整数时，每次生成的数据都相同。

stratify：默认为 None，划分出来的测试集或训练集中，其类标签的比例也是随机的。当不为 None 时，划分出来的测试集或训练集中，其类标签的比例同输入的数组中类标签的比例相同，可以用于处理不均衡的数据集。

例 5.5 在这个例子中，我们首先介绍如何处理按列数据集中的缺失数据，我们将使用变量的均值和众数分别替代存在的缺失值。然后，我们对类别型变量分别进行标签编码和独热编码。接下来，我们将数据集划分成训练集和测试集并进行数据的标准化。最后，我们利用贝叶斯模型训练数据并获得结果。Python 程序名为 ch5example5.py，其代码如下：

```
from sklearn import preprocessing
from sklearn. preprocessing import   OneHotEncoder
from sklearn. impute import SimpleImputer
from sklearn. preprocessing import MinMaxScaler
from sklearn. model_selection import train_test_split
from    sklearn. naive_bayes import GaussianNB
import numpy as np
print( " -------------读取 crx. data-------------" )
file =open( r" E：\pachong\kangy\crx. data" ,' r' ,encoding =' utf-8' )
list_row =file. readlines( )
file. close( )
list_source =[ ]
for i in range( len( list_row) ) :
    column_list =list_row[ i]. strip( ). split( " ," )   #每一行 split 后是一个列表
    list_source. append( column_list)   #在末尾追加到 list_source
print( " -------------转换缺失值' ? ' -------------" )
for i in range( len( list_source) ) :   #行数
    for j in range( len( list_source[ i] ) ) :   #列数
        if( j ==1 or j ==2 or j ==7 or j ==10 or j ==13 or j ==14) :   #判断为实数的列
            if( list_source[ i] [ j] ==' ? ' ) :
                list_source[ i] [ j] =" 9999. 99"
```

```
            else:
                if( list_source[i][j] =='? '):
                    list_source[i][j] =" zzzzzz"
list_source =np. array( list_source)
print(" ------------处理缺失值------------")
for j in range( len( list_source[i])):  #列数
    if(j==1 or j==2 or j==7 or j==10 or j==13 or j==14):  #判断为实数的列
        si=SimpleImputer( missing_values =9999. 99,strategy =' mean')
        x =si. fit_transform( list_source[ :,j]. astype( np. float). reshape( -1,1))
        if( j==1):
            A=x
        JJ=set([2,7,10,13,14])
        if j in JJ:#实数变量
            A=np. concatenate( ( A,x) ,axis =1)
    else:#判断为类别的列
        l=preprocessing. LabelEncoder( )
        l. fit( list_source[ :,j])
        list_source[ :,j] =l. fit_transform( list_source[ :,j])
        if( l. classes_[ -1] ==" zzzzzz"):
            values =len( l. classes_) -1
            si1 =SimpleImputer( missing_values =values,strategy =' most_frequent')
            y =si1. fit_transform( list_source[ :,j]. astype( np. int). reshape( -1,1))
        else:
            y =list_source[ :,j]. astype( np. int). reshape( -1,1)
        if( j==0):
            B=y
        J =set([3,4,5,6,8,9,11,12])
        if j in J:#类别变量
            B=np. concatenate( ( B,y) ,axis =1)
        if( j==15):#分类变量
            Y =y
print(" ------------对类别变量 B 进行独热编码------------")
e =OneHotEncoder( sparse =False)
C =e. fit_transform( B)
print(" ------------获得数据集 X------------")
X =np. concatenate( ( A,C) ,axis =1)
print(" 查看 X 维度:\n" ,X. shape)
```

```
print("查看数据集 X:\n",X)
print("-------------划分数据集-------------")
x_train,x_test,y_train,y_test=train_test_split(X,Y,test_size=0.3,random_state=5,
stratify=Y)
print("-------------标准化-------------")
scaler=MinMaxScaler()
scaler.fit(x_train)
x_train_scaled=scaler.transform(x_train)
x_test_scaled=scaler.transform(x_test)
print("-------------训练-------------")
gnb=GaussianNB().fit(x_train_scaled,y_train.ravel())
print("先验概率:",gnb.class_prior_)
print("-------------预测-------------")
y_pred=gnb.predict(x_test_scaled)
print("预测结果(0代表接受,1代表拒绝):" + str(y_pred))
print("预测准确率:",gnb.score(x_test_scaled,y_test))
```

如果我们以 70%数据作为训练集,30%作为测试集,则运行结果如下:

训练集记录数:483
预测集记录数:207
正确预测结果:173
正确预测率值:84%

习题

1. 下面是关于某部电影的表格

画面	风格	是否观看
漂亮	好	观看
不漂亮	好	不观看
不漂亮	不好	不观看
漂亮	好	观看
不漂亮	好	观看
漂亮	不好	不观看
漂亮	好	观看
不漂亮	不好	不观看
漂亮	不好	观看
不漂亮	好	不观看

(1) 将上述表格进行数字化。

(2) 计算先验概率和似然度。

(3) 利用贝叶斯模型做出观看或不观看的决策。

2. 利用下面关于选择西瓜的特征表格

编号	色泽	根蒂	敲声	纹理	脐部	触感	密度	含糖率	选择
1	青绿	蜷缩	浊响	清晰	凹陷	硬滑	0.697	0.460	是
2	乌黑	蜷缩	沉闷	清晰	凹陷	硬滑	0.774	0.376	是
3	乌黑	蜷缩	浊响	清晰	凹陷	硬滑	0.634	0.264	是
4	青绿	蜷缩	沉闷	清晰	凹陷	硬滑	0.608	0.318	是
5	浅白	蜷缩	浊响	清晰	凹陷	硬滑	0.556	0.215	是
6	青绿	稍蜷	浊响	清晰	稍凹	软黏	0.403	0.237	是
7	乌黑	稍蜷	浊响	稍糊	稍凹	软黏	0.481	0.149	是
8	乌黑	稍蜷	浊响	清晰	稍凹	硬滑	0.437	0.211	是
9	乌黑	稍蜷	沉闷	稍糊	稍凹	硬滑	0.666	0.091	否
10	青绿	硬挺	清脆	清晰	平坦	软黏	0.243	0.267	否
11	浅白	硬挺	清脆	模糊	平坦	硬滑	0.245	0.057	否
12	浅白	蜷缩	浊响	模糊	平坦	软黏	0.343	0.099	否
13	青绿	稍蜷	浊响	稍糊	凹陷	硬滑	0.639	0.161	否
14	浅白	稍蜷	沉闷	稍糊	凹陷	硬滑	0.657	0.198	否
15	乌黑	稍蜷	浊响	清晰	稍凹	软黏	0.360	0.370	否
16	浅白	蜷缩	浊响	模糊	平坦	硬滑	0.593	0.042	否

(1) 利用 Python 机器学习库的贝叶斯分类算法对上述表格进行训练。

(2) 获取先验概率和似然度。

(3) 对于数据:

{色泽=青绿, 根蒂=蜷缩, 敲声=浊响, 纹理=清晰, 脐部=凹陷, 触感=硬滑, 密度=0.697, 含糖率=0.460}

进行预测。

3. 下面表格是关于某学校人体特征指标

序号	性别	身高	体重	脚掌长
1	男	1.83	81.6	30.5
2	男	1.70	86.2	27.9
3	男	1.70	77.2	30.5
4	男	1.81	74.8	25.4
5	女	1.52	45.4	15.2
6	女	1.68	68.0	20.3
7	女	1.65	59.0	17.8
8	女	1.75	68.0	22.9

（1）利用 Python 机器学习库的贝叶斯分类算法对上述表格进行训练。

（2）获取先验概率和似然度。

（3）已知某人身高 1.83 米，体重 59 公斤，脚掌长 20.3 厘米，预测该人是男还是女。

4. 给定 $y=$[红色，蓝色，红色，黄色]。

（1）利用标签编码类 LabelEncoder 对变量 y 进行标签编码后存放在变量 z 中，并打印编码后的结果 z。

（2）利用独热编码类 OneHotEncoder 对变量 z 进行编码，并打印编码后的结果。

（3）假设有关体重的信息如下：

序号	体重
1	胖
2	微胖
3	很胖
4	瘦
5	微瘦
6	很瘦

利用独热编码类对它们进行编码，并打印编码后的结果。

5. 给定下面数据集：

X=[[1,1],[2,2],[3,3],[4,4],[5,5],[6,6],[7,7],[8,8],[9,9],[10,10]]

Y = [1,2,3,4,5,6,7,8,9,10]

（1）如果 test_size = 25%，利用 train_test_split( )函数划分数据集，并打印划分后的结果。

（2）如果 test_size = 5，利用 train_test_split( )函数划分数据集，并打印划分后的结果。

（3）如果 test_size = 25%，random_state = 0，利用 train_test_split( )函数划分数据集，并打印划分后的结果。

（4）如果 test_size = 25%，random_state = 3，利用 train_test_split( )函数划分数据集，并打印划分后的结果。

（5）解释上述（3）和（4）的划分结果之间的差异。

6 Python 数据分析工具——Numpy 框架

本章提要

1. Numpy 框架中的 ndarray 类对象表示的数组和创建 ndarray 数组的 array 函数及其参数的使用。

2. 掌握并使用通用函数，包括基本的四则运算、关系运算和逻辑运算。

3. 创建数组时的各种初始化函数。当我们创建数组时，利用这些初始化方法将方便我们对数组赋值。

4. 索引和切片。索引能够帮助我们获取数组中特定位置的元素，而切片则能够获取数组元素的子集。

5. 算数运算。算数运算就是数学上的向量运算，能够帮助我们直接将数据处理成可以进行批量操作的过程。需要掌握基本的数组之间的加减乘除运算和广播运算的三个基本规则。

6. 统计计算。统计计算对数据进行各种统计分析，包括从数组给定的元素中查找最大值、最小值，计算算术平均和加权平均，计算标准差和方差等。

6.1 Numpy 简介

Numpy 库是 Python 中一个非常重要的第三方库,用来处理和计算大型矩阵,支持高维数组与矩阵运算,并针对数组运算提供大量的数学函数库,是数据分析和挖掘的重要工具。Numpy 库较大程度上提升了 Python 的计算效率,许多机器学习算法或多或少都调用了 Numpy 库来完成基础数据处理和计算。

我们知道 Python 本身通过列表(list)对数组进行操作,但 Numpy 没有使用列表,而是通过 ndarray 定义 N 维数组对象,该对象不仅能方便地存取数组,而且拥有丰富的数组计算函数。这使得利用 Numpy 库可以运算一些数学模型,比如线性代数、傅里叶变换、随机数生成等。

我们需要注意 Numpy 中的数组与 Python 中列表的区别。在 Python 的一个列表中,它可以包含数字、字符、字符串等,而 Numpy 的数组的数据类型必须是相同的,如都是整型或者浮点型。

一般使用 pip install numpy 进行 Numpy 库的安装,也推荐大家安装 Anaconda,其中含有大量与数据分析相关的 Python 模块。安装成功后,我们在 Python 环境中进行测试,键入 import numpy,如果不出错,说明 Numpy 安装成功。更多信息大家可访问官网:www. numpy. org。

6.2 Numpy 框架的使用

Numpy 框架的核心基础是用 ndarray 类的对象表示 n 维数组,即由数据类型相同的元素组成的 n 维数组,通常从 0 开始索引访问数组中的元素。为了创建 ndarray 数组,我们使用 Numpy 库中的 array 函数。

array 函数要求传入 Python 的列表类型数据,创建方式如下:

numpy. array(object, dtype = None, ndmin = 0, copy = True, order = None, subok = False)

参数

object:数组。

dtype:数组中元素的数据类型,默认等于 None。

ndmin:生成数组的最小维度,默认等于 0。

copy:数组对象能否复制,默认等于 True。

order:创建数组的方向,C 表示按行方向,F 表示按列方向,A 表示任意方向,默认等于 A。

subok:返回一个与基类类型一致的数组,默认等于 False。

返回值:满足要求的数组对象。

在 Numpy 中,一个数组的维度也被称为一个轴。比如说,一个二维数组相当于两个一维数组,其中一维数组是由若干元素组成的。所以一维数组就是 Numpy 中的轴,第一个轴相当于是底层数组,第二个轴是底层数组里的数组。而轴的数量就是秩,也就是数组的维数。

考虑下面的例子,假设一维数组为[1,2,3],那么它的维度是 1,或者说是有一个轴,这个轴的长度是 3,而它的秩等于 1。

我们再考虑一个二维数组([1,2,3],[4,5,6]),它的秩为 2,或轴的个数是 2,或者维度的个数是 2(理解为行和列两个维度)。那么 Numpy 是怎么定义这个轴的方向的?在二维数组中,轴 0 表示了数组的行,轴 1 则表示了数组的列。因此,在该列中,轴 0 的长度是 2,轴 1 的长度是 3。如果我们把轴 0 上的元素进行相加,就得到一个一维数组[5,7,9]。如果我们把轴 1 上的元素进行相加,也可以得到一个一维数组[6,15]。所以在不同轴上进行数据操作会得到不同的结果。

关于 Numpy 数组维度、轴和秩的信息,都可以通过 Numpy 提供的数组属性来获得。具体来说,array 函数提供了关于数组本身的一些重要属性,通过这些属性可以获得数组的特征。下面我们介绍 array 函数的一些重要的属性及其作用。

（1）ndim 属性:

numpy.array.ndim

该属性的返回值为一个整数,代表数组的秩,数组轴的数量,或者维度的数量。

（2）shape 属性:

numpy.array.shape

这个属性的返回值为一个元组,存储了每个维度中数组的大小。这个元组的长度,等价于轴或维度的个数,即秩的值。

（3）size 属性:

numpy.array.size

该属性的返回值为一个整数,表示数组元素总数。

（4）dtype 属性:

numpy.array.dtype

该属性的返回值表示数组元素的数据类型。

（5）itemsize 属性：

numpy.array.itemsize

该属性的返回值为数组中每个元素的字节大小。

例6.1 这个例子是利用 Numpy 的 array 函数创建一维数组、二维数组和三维数组。我们分别通过传入整数型单层列表［11，22，33，44，55，66，77］，整数型两层嵌套列表［［1.1，2.2，3.3，4.4］，［5.5，6.6，7.7，8.8］］，整数型和字符串型两层嵌套列表［［1，2，3，4，5，6］，［3，5，6，7，8，9］，［1，2，3，7，8，'字符'］］，创建后再获取相关的属性值。Python 程序名为 ch6example1.py，其代码如下：

```python
import numpy as np
print("------------创建整数一维数组------------")
d1 =np. array([11,22,33,44,55,66,77])
print("查看一维数组:\n",d1)
print("一维数组的秩:",d1. ndim)
print("一维数组元素的字节大小",d1. itemsize)
print("------------创建浮点数的二维数组------------")
d2=np. array([[1. 1,2. 2,3. 3,4. 4],[5. 5,6. 6,7. 7,4. 4]],dtype=float)
print("查看二维数组:\n",d2)
print("二维数组的秩:",d2. ndim)
print("二维数组的维度:",d2. shape)
print("二维数组的数组元素总数:",d2. size)
print("二维数组的数据类型:",d2. dtype)
print("------------创建字符的三维数组------------")
d3=np. array([[1,2,3,4,5,6],[3,5,6,7,8,9],[1,2,3,7,8,'字符']])
print("查看三维数组:\n",d3)
print("三维数组的维度:",d3. shape)
print("三维数组的数组元素总数:",d3. size)
```

程序运行后，我们发现当数据中出现一个字符串的时候就会自动将所有元素都转换成字符串类型。

6.3　Numpy 的通用函数操作

Numpy 库提供的 ufunc 类能够优化数据数组的计算，ufunc 是英文 universal

function 的缩写,中文意思是"通用函数"。ufunc 主要是利用向量对数组进行操作的,或者说它是能对数组中的每个元素进行操作的函数,以方便我们提高元素重复计算的效率。我们知道,Python 中对向量或矩阵计算通常涉及循环语句,而利用向量或矩阵可以避免使用循环语句,这将提高数据分析算法的效率。

ufunc 类提供基本的四则运算、关系运算和逻辑运算,同时也支持三角函数的计算,表 6.1 列出了 Numpy 库中的部分通用函数。

表 6.1　Numpy 库的部分通用函数

abs( )	计算序列化数据的绝对值
log( )	对数函数
exp( )	指数函数
sum( )	对一个序列化数据进行求和
sqrt( )	计算序列化数据的平方根
sin( ),cos( ),tan( )	三角函数
dot( )	矩阵运算
mean( )	计算均值
median( )	计算中位数
std( )	计算标准差
var( )	计算方差

例 6.2　这个例子创建了两个二维数组,并对它们进行乘法运算、比较运算、逻辑运算、求和运算、对数运算、平方根运算及三角函数 sin 的运算。Python 程序名为 ch6example2. py,其代码如下:

```
import numpy as np
print(" ------------创建二维数组-------------")
d1 =np. array([[0,1,2],[3,4,5]],dtype =int)
print('查看二维数组 d1:\n',d1)
d2 =np. array([[1,2,3],[4,5,6]],dtype =int)
print('查看二维数组 d2:\n',d2)
print(" ------------数组 d1 和 d2 的乘法运算------------")
d3 =d1 * d2
print('查看乘法运算结果:\n',d3)
print(" ------------数组之间的比较运算------------")
print('d1 与 d2 的大于等于比较:\n',d1>=d2)
```

```
print(" ------------数组之间的逻辑运算------------" )
print('d1 与 d2 的或运算:\n' ,np. any(d1 = =d2))
print(" ------------数组的函数运算------------" )
print('数组 d1 的求和:\n' ,d1. sum())
print('数组 d2 的对数:\n' ,np. log(d2))
print('数组 d1 的平方根:\n' ,np. sqrt(d1))
print('数组 d2 的 sin 运算:\n' ,np. sin(d2))
```

6.3.1 数组创建的初始化

为了创建一个 Numpy 数组,我们看到可以通过把一个 Python 列表直接传递给函数 array(),那么如何利用 Numpy 库为这个数组进行初始化呢? Numpy 库为初始化提供了非常丰富的函数,包括 ones()、zeros()、empty() 和 random. random(),我们分别给予介绍。

(1)函数 zeros()。该函数创建一个由数值 0 组成的数组:

numpy. zeros(shape,dtype =float,order ='C')

参数

　　shape:整数或整数序列,新数组的大小。

　　dtype:数据类型,默认等于浮点数。

　　order:默认等于"C"。

　　返回值:返回一个数值为 0 的数组。

　　(2)函数 ones()。该函数创建一个由数值 1 构成的数组:

numpy.ones(shape,dtype =float,order ='C')

参数

　　shape:整数或整数序列,新数组的大小。

　　dtype:数据类型,默认等于浮点数。

　　order:默认等于"C"。

　　返回值:返回一个数值为 1 的数组。

　　(3)函数 empty()。该函数用来创建一个指定形状和数据类型并且未初始化的数组:

numpy.empty(shape,dtype =float,order ='C')

参数

　　shape:整数或整数序列,新数组的大小。

　　dtype:数据类型,默认等于浮点数。

order:默认等于"C"。

返回值:返回一个随机元素的数组,所以使用的时候要小心,必要时需要手工把每一个值重新定义。

(4)函数 random.rand( )。该函数创建一个给定维度生成[0,1)之间的随机数据(包含 0,不包含 1):

numpy.random.rand(d0,d1,…,dn)

参数

d0,d1,…,dn:表示 *n* 个维度。

返回值:返回一个指定维度的数组。

(5)函数 arange( )。该函数主要用于生成具有规律递增值的一维数组:

numpy.arange(start,end,step)

参数

start:起始点。

end:终止点,默认等于 0。

step:步长,默认等于 1。

返回值:返回一个一维数组。

(6)函数 reshape( )。该函数用于重新构造数组,将一维数组分割成多维数组:

numpy.reshape(row,column)

参数

row:行数。

column:列数。

返回值:返回一个多维数组。

注意:reshape(-1,1)就是把一行转成一列。

(7)函数 linspace( )。该函数在指定的间隔内创建均匀间隔的数字数组:

numpy.linspace(start,stop,num=50,endpoint=True,retstep=False,dtype=None)

参数

start:表示序列的开始值。

num:整数型,默认值为 50,表示要生成的样本数。

stop:如果 endpoint=True,那么 stop 就是序列的终止数值。

endpoint:布尔型,默认值为 True,这时 stop 就是最后的样本;为 False 时,不包含 stop 的值。

retste:布尔型,默认值为 True,这时返回值是(array,step),前面的是数组,后面是步长。

dtype:表示输出数组的数据类型。

返回值:ndarray 类型。

(8)函数 full( )。该函数对指定数组进行指定数值填充:

numpy. full(shape,fill_value,dtype =None,order ='C')

参数

shape:元组类型,元组中元素个数就表示新数组的大小。

fill_value:填充数组值。

dtype:数据类型,默认等于浮点数。

order:默认等于"C"。

例 6.3 这个例子提供了多种创建数组的方式和对其进行赋值的方法。Python 程序名为 ch6example3. py,其代码如下:

```
import numpy as np
print(" ------------一维整数的创建并赋值------------")
d1 =np. zeros( (5,) ,dtype =np. int)
print('创建一维整数型数组并赋值 0:',d1)
d2 =np. ones(5,dtype =np. float)
print('创建一维浮点型数组并赋值 1:',d2)
d3 =np. empty( [3,2],dtype =np. int)
print(" 创建二维双精度型数组(未赋值):",d3)
print(" 创建二维数组并赋值随机数:")
d4 =np. random. rand(2,5)
print(" 创建二维数组并赋值随机数:",d4)
d5 =np. arange(0,60,10)
print('创建一维有规律数组:',d5)
d6 =np. arange(6)
print('创建一维自然数数组:',d6)
d7 =d6. reshape(2,3)
print(" 将一维数组 d6 分割成二维数组:\n",d7)
d8 =d5. reshape( -1,1)
print(" 将一维数组 d5 由行转列:\n",d8)
d9 =d8 + np. arange(6)
print(" 将一维数组 d8 扩充 5 列:\n",d9)
print(" 创建一维数组并赋值均匀数:")
```

```
d9,d10=np. linspace(1,49,25,True,True)
print('一维数组(d9):',d9)
print('步长(d10):',d10)
d11=np. full(5,True,dtype=bool)
print('创建一维布尔数组:',d11)
```

6.3.2　数组的索引和切片

在 Numpy 库中,同样有索引和切片功能。所谓索引就是获取数组中特定位置元素的过程,而切片则是获取数组元素子集的过程。我们首先介绍一维数组的索引和切片,然后再讨论二维数组和三维数组的索引和切片,最后我们对高维数组的索引和切片进行归纳。

一维数组的索引有两个特点:索引可以是从 0 开始的正向索引;也可以是反向索引,就是指最后一个元素的索引是−1,倒数第二个元素的索引是−2,依次反向索引。比如,一维数组 a=[0,1,2,3,4,5,6,7,8,9]的第一个元素 0 的正向索引是 0,最后一个元素 9 的正向索引为 9;如果是反向索引,最后一个元素 9 的反向索引为−1,第一个元素 0 的反向索引为−10。

一维数组的切片规则为:数组[开始索引:终止索引:步长],步长的默认值等于 1,我们把一些常用的切片方法列举如下:

a[i:j]表示获取 a[i]到 a[j−1]之间的元素,但不包括元素 j,这时步长为 1。

s[i:j:k]表示获取 a[i]到 a[j−1]之间的元素,但不包括元素 j,这时步长为 k。

a[:−1]表示去掉最后一个元素。

s[:−n]表示去掉最后 n 个元素。

s[−2:]表示获取最后两个元素。

s[::−1]表示将最后一个元素到第一个元素复制一遍(反向)。

我们看到在切片中对冒号的使用是非常灵活的。如果只放置一个参数,如[j],将返回与该索引相对应的单个元素。如果为[j:],则表示从该索引开始以后的所有项都将被提取。如果使用了两个参数,比如[i:j],则提取两个索引之间的项(不包括停止索引 j)。

例 6.4　这个例子提供了一维数组的索引和切片的多种应用。Python 程序名为 ch6example4. py,其代码如下:

```
import numpy as np
print(" -------------一维数组的索引和切片-------------")
d=np. array([11,22,33,44,55,66,77,88,99])
print(" 查看一维数组:",d)
```

```
print('查看数组的前四项:',d[0:4])
print('逆序输出数组元素:',d[::-1])
print('以步长为2查询下标0到8的元素:',d[0:8:2])
print('查询第一项之后的元素:',d[1:])
print('查询从开始到结尾的元素:',d[:])
print('步长为-1的反向查询:',d[::-1])
print('从-5到-3的查询:',d[-5:-2])
print('从-5到-3步长为1的查询:',d[-5:-2:1])
```

二维数组切片的形式表示为 x[:],里面有一个冒号,冒号之前和之后分别表示数组的第 1 个维度(索引 0 表示)和第 2 个维度(索引 1 表示)。

我们来看下面的几个表达式:

x[n,:],x[:,n],x[m:n,:],x[:,m:n]

在这些表达式中,(m:n)是一个整体,除了(m:n)之外的冒号用来表明在哪个维度上进行切片操作。比如,x[n,:]表示对二维数组的第 1 个维度上的第 n 号元素进行操作,在冒号后面的 x[:,n]表示对二维数组的第 2 个维度上的第 n 号元素进行操作。如果把上述表达式中的 n 替换为(m:n),则表示对第 m 号到第 n-1 号元素进行操作。

例 6.5 这个例子给出了二维数组的索引和切片的多种例子。Python 程序名为 ch6example5. py,其代码如下:

```
import numpy as np
print("-------------二维数组的索引和切片-------------")
print("创建一维数组:")
c =np. array([11,22,33,44,55,66,77,88,99,1010,1111,1212])
print("转换到二维数组:")
d =c. reshape((4,3))
print('查看二维数组:\n',d)
print('查看第二行:',d[1])
print('查看第三行第三列:',d[2][2])
print('获取所有元素:',d[:,:])
print('获取所有行和第一二列:\n',d[:,0:1])
print('获取所有列和行的步长为2:\n',d[::2,:])
print('获取所有列和第一第二行:\n',d[0:1,:])
print('获取部分行和部分列:\n',d[::2,0:2])
print('获取最后一行:',d[-1])
print('行倒序:\n',d[::-1])
```

```
print('行倒序和列倒序:\n',d[::-1,::-1])
```

对于三维数组,切片的表现形式表示为 x[::],注意里面有两个冒号,分割出三个间隔,三个间隔的前、中和后分别表示数组的第 1、2、3 个维度(索引 0,1,2 表示)。

关于三维数组或多维数组的索引与切片,我们可以从数组的形状属性(shape)来理解。比如说,三维数组中基本模式是[个数,行数,列数],假设一个三维数组的形状属性 shape=(3,3,4),我们可以理解为,后面的(3,4)是一个矩阵,表示其行数为 3 列数为 4,前面的 3 表示有 3 个这样的矩阵。

例 6.6　这个例子给出了二维数组的索引和切片的多种例子。Python 程序名为 ch6example6. py,其代码如下:

```
import numpy as np
print(" 创建一个三维数组:")
d=np. arange(60). reshape(3,4,5)
print(" 三维数组:",' \n',d)
print('获取第二个维度所有行所有列:',' \n',d[1,:,:])
print('获取每一个维度第二行所有列:',' \n',d[:,1,:])
print('获取每一个维度每一行第二列:',' \n',d[:,:,1])
print('获取 3,4,5 对应元素:',d[2,3,4])
print('获取第1维度(第2至结束),3,3个元素:',' \n',d[2:,3,3])
print('获取 2,3,全部元素:',' \n',d[2,3,:])
print('获取 2,全部,3 元素:',' \n',d[1,:,2])
print('获取全部,3,3 元素:',' \n',d[:,2,2])
print('获取全部,第二个维度的第 3 个之前,3 元素:',' \n',d[:,:3,2])
print('获取全部,第二个维度的第 3 个之前,第三个维度的第 3 个之前:',' \n',d[:,:3,:3])
print('获取每个维度每一行最后一列:',' \n',d[:,:,-1])
```

6.3.3　数组的运算

数组的优势是可以不用循环语句,直接将数据处理成可以进行批量操作的过程,也就是数学上的向量运算。接下来,我们分别讨论 Numpy 中数组的算数运算和统计计算。

6.3.3.1　Numpy 的基本运算

在 Numpy 中,数组的算数运算主要有加法、减法、乘法和除法等运算。在执行这些运算时,要求参加运算的数组必须具有相同的形状或符合数组广播规则。对于同样大小的数组,二进制操作是对相应元素逐个进行算数运算。

所谓广播,可以理解为用于不同大小数组间的二进制算数运算的一种规则。在 Numpy 中,广播遵循一组严格的规则来决定数组间的运算。

规则一:如果两个数组的维度不同,那么我们在小维度数组的最左边补上 1 来获得一个新数组。

规则二:如果两个数组的形状在任何一个维度上都不匹配,那么我们对具有维度为 1 的数组进行扩展以匹配另外一个数组的形状。

规则三:如果两个数组的形状在任何一个维度上都不匹配并且没有任何一个维度等于 1,那么我们无法对它们进行算数运算。

我们通过下述例子来理解这些规则。比如,对于一个 4 行 3 列的二维数组和一个 1 行 3 列的一维数组,它们的形状分别为(4,3)和(3,)。根据规则一,第二个数组的维度数更小,所以在其左边补 1 后就得到(1,3)。再根据规则二,这两个数组的第一个维度不匹配,我们扩展第二个数组维度以匹配一个数组,这样两个数组的形状都是(4,3),就可以进行运算了。

例 6.7 这个例子给出了数组的算数运算,包括同样大小的数组的算数运算和不同形状数组的广播运算。Python 程序名为 ch6example7.py,其代码如下:

```python
import numpy as np
print(" 创建两个一维数组:" )
x =np. array([1,2,3])
y =np. array([15,15,15])
print(" 两个一维数组相加:",x+y)
print(" 两个一维数组相减:",x-y)
print(" 两个一维数组相乘:",x * y)
print(" 两个一维数组相除:",x/y)
print(" 标量和一个数组相加:",x+100)
z =np. ones((3,3))
print(" 创建一个 3 行 3 列数组:",' \n',z)
print(" 数组 x 被广播加 z:",' \n',z+x)
w =np. transpose([x])
print(" 创建 3 行 1 列数组 w:",' \n',w)
print(" 数组 x 和 w 被双向广播后相加:",' \n',w+x)
```

上述代码中同样大小的数组运算较为直观,我们重点分析不同形状数组的广播运算。由于 z 是 3 行 3 列的数组,形状为(3,3),而 x 是 1 行 3 列的数组,形状为(3,),所以根据规则一,用 1 对数组 x 的形状进行补充获得形状(1,3);然后再根据规则二,将数组 x 的第一个维度进行扩展以匹配 z 的维度就获得形状(3,3)。现在两个数组的形状匹配了,最终形状都为(3,3)。

但是一个二维的 4×3 的数组和一个一维的 1×4 是无法进行算数运算的,因为一个形状是(4,3),另一个形状是(4,),根据规则一,我们把后者扩充为(1,4);根据规则二,它的最终形状是(4,4)。所以这两个数组是不能进行算数运算的,如果强行运算系统就会报错,我们看下面的例子。

例 6.8　这个例子给出了数组的算数运算,包括同样大小的数组运算和不同形状数组的广播运算。Python 程序名为 ch6example8. py,其代码如下:

```
import numpy as np
print(" 创建一个二维数组:" )
x=np. arange(12). reshape(4,3)
print(" 二维数组:" ,' \n' ,x)
print(" 创建一个一维数组:" )
y=np. array([1,2,3,4])
print(" 一维数组 x:" ,y)
print(" 数组 x+y 相加:" ,x+y)
```

运行这个程序后,系统报错为:

ValueError:operands could not be broadcast together with shapes(4,3)(4,)

如果一定要运算,我们就要把后者进行转置变成 4 行 1 列,我们来看下面的例子。

例 6.9　这个例子将例 6.8 中的 1×4 数组进行转置变成 4×1 数组后就能够进行不同形状数组的广播运算了。Python 程序名为 ch6example9. py,其代码如下:

```
import numpy as np
print(" 创建一个二维数组:" )
x=np. arange(12). reshape(4,3)
print(" 二维数组:" ,' \n' ,x)
print(" 创建一个一维数组:" )
y=np. array([1,2,3,4])
print(" 一维数组 x:" ,y)
z=np. transpose([y])
print(" 转置后的 4 行 1 列数组 z:" ,' \n' ,z)
print(" 数组 x 和 z 的相加:" ,' \n' ,x+z)
```

为了方便大家以后记住这点,我们可以利用 shape 属性来观察数组的形状。例如,形状(3,3,2)的数组和形状(3,2)可以进行运算,因为从后往前看它们有相同的轴长(3,2);形状(3,3,3)的数组和形状(3,2)的数组是不能进行运算的,因为从后往前看它们没有相同的轴长。

除了基本算数运算之外,数组运算还支持幂运算、除法余数、比较运算和逻辑运算。我们来看下述例子。

例 6.10 这个例子将例 6.9 中的 1×4 数组进行转置变成 4×1 数组后就能够进行不同形状数组的广播运算。Python 程序名为 ch6example10.py,其代码如下:

```
import numpy as np
a=np.arange(9).reshape(3,3)
print("三维数组 a:",'\n',a)
b=np.array([[1,1,1],[1,2,2],[2,3,3]])
print("三维数组 b:",'\n',b)
c=a**b
print("a 和 b 对应位置幂运算:",'\n',c)
print("a 和 b 对应位置余数运算:",'\n',np.mod(a,b))
print("a 和 b 对应位置的比较运算:",'\n',a>=b)
print("a 和 b 对应位置的逻辑运算 any:",'\n',np.any(a==b))
print("a 和 b 对应位置的逻辑运算 all:",'\n',np.all(a==b))
```

6.3.3.2 Numpy 的统计函数

Numpy 提供了非常丰富的统计函数,用于从数组给定的元素中查找最大值、最小值,计算标准差和方差等。

(1)函数 amin()。该函数用于计算数组中沿着指定轴元素的最小值。

numpy.amin()

(2)函数 amax()。该函数用于计算数组中沿着指定轴元素的最大值。

numpy.amax()

(3)函数 ptp()。该函数用于计算数组中元素的差值(最大值减最小值)。

numpy.ptp()

(4)函数 percentile()。该函数是统计中的百分位数指标,用于度量小于这个值的样本所占的百分比。

numpy.percentile(a,q,axis)

参数

a:输入数组。

q:要计算的百分位数,在 0~100 之间。

axis:计算百分位数的轴。

（5）函数 median()。该函数是统计中的中位数指标,用于将样本的上半部分与下半部分分开的值。

numpy. median()

（6）函数 mean()。该函数用于计算数据的均值,通常沿轴计算元素的总和再除以元素的数量。

numpy. mean()

（7）函数 average()。该函数计算了数据的加权平均值,是由每个元素乘以反映其重要性的权重而得到的平均值。

numpy. average()

（8）函数 std()。该函数用于计算数据的标准差,其公式是元素与均值的偏差的平方的平均值的平方根。

numpy. std()

（9）函数 var()。该函数用于计算数据的方差,其公式是元素与均值的偏差的平方的平均值。

numpy. var()

例 6.11 这个例子提供了上述 Numpy 的统计函数的具体应用。Python 程序名为 ch6example11. py,其代码如下:

```
import numpy as np
a =np. arange(9). reshape(3,3)
print(" 二维数组 a:" ,' \n' ,a)
print(" 每列最小值:",np. amin(a,0))
print(" 每行最小值:",np. amin(a,1))
print(" 元素最大值:",np. amax(a))
print(" 元素差值:",np. ptp(a))
b =np. arange(20). reshape(2,10)
print(" 二维数组 b:" ,' \n' ,b)
print(" 每行 30%百分位:",np. percentile(b,30,axis =1))
print(" 全部元素 30%百分位:",np. percentile(b,30))
print(" 每行中位数:",np. median(b,axis =1))
print(" 每行均值:",np. mean(b,axis =1))
c =np. arange(8)
```

```
print("一维数组 c:",c)
w=np.array([8,7,6,5,4,3,2,1])
print("一维权值数组 w:",w)
print("加权平均:",np.average(c,weights=w))
print("标准差:",np.std(c))
print("方差:",np.var(c))
```

习题

1. 利用 Numpy 的 array 函数分别创建下述数组。

(1)一维数组浮点型,输入为:[1,2,3,4,5,6],打印创建后的数组。

(2)假设我们有苹果、香蕉、葡萄、橘子、西瓜和橙子共 6 种水果,试创建一个 2 行 3 列数组,并打印结果。

(3)给定四组整数(1,4,9),(2,5,7),(3,2,1)和(6,5,4),请创建一个四维数组,并打印它的维度、形状和总长度。

2. 根据(11,22,33),(44,55,66),(22,33,44)和(44,555,66)分别创建两个二维数组。

(1)对这两个二维数组进行乘法运算,并打印运算结果。

(2)对这两个二维数组进行比较(大于或小于)运算,并打印运算结果。

(3)对这两个二维数组进行逻辑运算,并打印运算结果。

(4)对这两个二维数组分别进行平方根运算,并打印运算结果。

3. 利用 Numpy 的初始化函数分别创建下述数组。

(1)创建一个具有 8 个元素的一维数组再把它转换为 4 行 2 列数组,并打印运算结果。

(2)创建一个元素为等差数列一维数组,起点为 0,终点为 20,并打印运算结果。

(3)创建一个 3 行 7 列二维数组并赋值随机数,打印运算结果。

(4)创建一个正方的 5 行 5 列单位矩阵,对角线为 1,其余为 0,并打印运算结果。

(5)创建一个 3 行 5 列数组,所有元素都等于 10,并打印运算结果。

4. 对于一维数组 A=[1 3 5 7 9 11 13 15 17 19]:

(1)利用索引 3 获取数组 A 的值,并打印运算结果。

(2)利用索引-5 获取数组 A 的值,并打印运算结果。

(3)利用切片获得数组 A 的子集(3,7,11),并打印运算结果。

(4)利用切片获得数组 A 的子集(19,15,11),并打印运算结果。

(5)利用切片获得数组 A 的子集(9,11,13,15,17),并打印运算结果。

(6)利用切片获得数组 A 的子集(11,13,15,17,19),并打印运算结果。

5. 根据(1,2,3),(4,5,6),(7,8,9),创建一个 3 行 3 列数组 B。

(1)利用索引查看数组 B 的第二行,并打印运算结果。

(2)利用索引查看数组 B 的第三列,并打印运算结果。

(3)利用索引查看数组 B 的第三行和第三列,并打印运算结果。

(4)利用切片获得数组 B 的第一行和第三行,并打印运算结果。

(5)利用切片获得数组 B 的子集(5,6),(8,9),并打印运算结果。

(6)利用切片获得数组 B 的子集(4,5),并打印运算结果。

6. 利用 arange 函数参数为 30 和 reshape 函数参数为(2,3,5)生成一个三维数组 C。

(1)利用索引获取数组 C 的第二个 3×5 矩阵,并打印运算结果。

(2)利用索引获取数组 C 的第一个 2×5 矩阵,并打印运算结果。

(3)利用索引获取数组 C 的所有 5 个 2×3 矩阵,并打印运算结果。

(4)利用切片获得数组 C 的第二个 2×5 矩阵,并打印运算结果。

(5)利用切片获得数组 C 的所有第一维度对应矩阵的 3 行 3 列,并打印运算结果。

7. 考虑下述两个二维数组:

x = np. array([[1,2],[3,4]],dtype = np. float64),

y = np. array([[5,6],[7,8]],dtype = np. float64)

(1)对于标量 a = 3,b = 5,计算 3 * x+y/5,并打印运算结果。

(2)进行 x 和 y 的元素之间的加减乘除运算,并打印运算结果。

(3)给定 c = np. array([2,3]),d = np. array([12,13]),计算 x * c+(y-d),并打印运算结果。

(4)给定数组 e = np. array([0,1,2,3]),计算 e 的转置,并打印运算结果。

(5)给定 f = np. array([6,6,6,6,6]),计算数组 e 的转置加 f,并打印运算结果。

8. 给定数组 D = np. arange(10),统计或计算:

(1)计算数组 D 的均值,并打印运算结果。

(2)计算数组 D 的标准差,并打印运算结果。

(3)对数组 C 进行求和,并打印运算结果。

(4)统计数组 C 的最大值,并打印运算结果。

(5)统计数组 C 的最小值,并打印运算结果。

9. 给定数组 E = np. array([[3,7,5],[8,2,3],[2,3,9]]),统计或计算:

(1)计算数组 E 的中位数,数组 E 沿轴 0 的中位数计算,并打印运算结果。

(2)计算数组 E 的 75 百分位数,数组 E 沿轴 1 的 60 百分位数,并打印运算结果。

(3)计算数组 E 的范围,数组 E 沿轴 0 和轴 1 的范围,并打印运算结果。

(4)计算数组 E 的均值,数组 E 沿轴 0 和轴 1 的均值,并打印运算结果。

(5)计算数组 E 的方差,数组 E 沿轴 0 和轴 1 的方差,并打印运算结果。

10. 基于 Numpy 完成股票分析。

(1)计算加权成交量的加权平均价格。

(2)计算收盘的算数平均价格,寻找最大值和最小值,计算收盘的加权平均价格(时间越靠近现在权重越大),计算每周几的收盘价和平均股价。

(3)计算中位数、方差、股票收益率——普通收益率和对数收益率以及收益波动率。

(4)计算股票的真实波动幅度均值。

(5)画出股票的移动平均线:简单移动平均线和指数移动平均线。

7 Python 数据挖掘工具——Pandas

本章提要

1. 理解 Pandas 的一维 Series 数组结构及索引和数据值概念。能够运用数组对象的主要属性和函数，能够用三种不同方式创建数组，能对数组元素进行删除、修改和添加。

2. 理解二维 DataFrame 数据结构，掌握并熟练使用数据索引的各种方法。能够应用不同方式创建 DataFrame 数据对象，能够运用数组的属性和函数。

3. 理解多层索引 MultiIndex 的概念及其构造函数。掌握通过 MultiIndex 和 DataFrame 创建三维数组时的基本技巧。

4. 学习 Pandas 处理数据的方法：文本文件的读取，把 DataFrame 结构写入一个文本文件，从 MySQL 数据库读取和写入数据，基本数学运算，排序和重新索引以及统计运算。

5. Pandas 可以在 Series 和 DataFrame 结构中支持分类变量和分类数据，理解并掌握创建分类变量和数据的几种方法，能够把分类文本数据转换为数字数据。

6. 理解并熟练使用数据分组函数 groupby()，能够实现对数据的分割和计算分组后的统计值，包括应用自定义函数。

7.1　Pandas 简介

在第 6 章中我们讨论了 Numpy 库的基本使用方法,我们发现它有非常强大的数组运算能力。为了更加有效地完成数据分析任务,第三方库 Pandas 被开发出来,并且所有代码都是开源的。它是在 Numpy 基础上发展出来的一种数据分析工具,是 Python 的数据分析库。

最初 Pandas 作为一种金融数据分析工具而受到广泛欢迎,Pandas 纳入大量标准化数据分析模型并对时间序列分析提供了非常好的支持。

由于 Pandas 是 Python 的第三方库,所以大家在使用之前需要安装一下,直接使用 pip install pandas 就会自动安装 Pandas 以及相关组件。

7.2　Pandas 基本数据结构

为什么有了 Numpy 库还要学习 Pandas 库?因为 Pandas 是基于 Numpy 构建的,拥有更高级的数据结构,体现在数据元素可以是不同类型,索引也更加灵活,同时还提供了丰富的数据挖掘的方法,可以快速地处理大规模数据集。Pandas 模块被广泛应用于数据科学领域,它也是机器学习模型前期数据处理和数据导入的工具。

Pandas 具有三种典型数据结构,分别为一维 Series 数组、二维 DataFrame 数组和多层索引 Index,所有的数据操作都是基于这三种结构。接下来,我们分别讨论这三种数据结构。

7.2.1　一维 Series 结构

一维 Series 的数组结构,是由索引和数据值两部分组成的,也就是说,Series 将一组数据和一组索引绑定在一起。Series 数组能够保存任何类型的数据,包括整数型、浮点型、字符串型,和其他 Python 对象类型。

在一维 Series 的数组中,索引类似于 Numpy 数组的下标,只不过 Series 的索引不仅可以是数字,还可以是字符串、日期等类型。Series 的数据值也不要求所有元素的类型完全相同,可以是任意类型。

Pandas 的 Series 数组比 Numpy 一维数组更加通用,两者的主要区别在于:Numpy 数组的索引是系统自分配并且无法更改,只能通过整数索引获取元素,而

Pandas 的 Series 数组的索引可以通过手工指定,既可以是整数,也可以是任何字符串。

下面我们介绍 Pandas 一维 Series 数组的创建方式以及 Series 对象的一些重要属性。Series 的构造函数为:

```
pandas. Series(data,index,dtype,copy)
```

参数

data:数据值,数组型结构(列表、元组、ndarray 等),是可选参数,不填则创建空 Series 对象。

index:自定义的索引列表,长度必须和数组长度一致,是可选择参数,默认从 0 开始的整数递增序列。

dtype:数据类型。

copy:是否复制数据选项,默认为 False。

主要属性和函数如下:

pandas. Series. axes:该属性返回行轴标签(索引)列表。

pandas. Series. dtype:该属性返回数据类型(dtype)。

pandas. Series. empty:该属性判断数据是否为空,如是返回 True。

pandas. Series. Ndim:该属性返回数据的维数,默认定义 1。

pandas. Series. size:该属性返回数据中的元素数。

pandas. Series. values:该属性将数组作为 ndarray 数组返回。

pandas. Series. head():该函数返回前 n 行。

pandas. Series. tail():该函数返回最后 n 行。

接下来我们讨论如何创建一个 Series 数组。常用的创建方法是利用 Python 的列表或 Python 的字典,也可以利用 Numpy 数组。在下面的例 7.1 中,我们将展示各种创建 Series 数组的具体步骤。

例 7.1 在这个例子中,我们分别给出了创建 Series 数组的 3 种方式,并介绍如何获取已创建数组的各种属性,以及通过函数操作数组的一些方法。Python 程序名为 ch7example1. py,其代码如下:

```
import numpy as np
import pandas as pd
print(" ------------python 列表创建 series 数组------------- ")
data =[ 11,22,33,44,55,66,77]
s =pd. Series(data)
print(" 默认索引的 series 数组:\n" ,s)
```

```
index =list(" abcdefg")
s =pd. Series(data,index)
print(" 指定索引的 Series 数组:\n" ,s)
print(" 查看 Series 值:" ,s. values,type(s. values))
print(" 查看 Series 索引:" ,s. index,type(s. index))
print(" ------------python 字典创建 series 数组------------")
data ={" a" :'姓名'," b" :'年龄'," c" :'性别'," d" :'住址'}
s =pd. Series(data)
print(" 字典的 Series 数组:\n" ,s)
print(" 返回最后 2 行:\n" ,s. tail(2))
print(" ------------numpy 创建 Series 数组------------")
data =np. array(['a','b','c','d'])
index =np. array(['苹果','香蕉','樱桃','橘子'])
s =pd. Series(data,index)
print(" numpy 的 Series 数组:\n" ,s)
print(" 返回前 2 行:\n" ,s. head(2))
```

从上面的例子可以看到,Pandas 的 Series 数组就是一个自带索引的一维数组。我们可以通过它的 values 属性和 index 属性来查看数据。我们可以像访问 Numpy 数组那样访问 Series 数组,序号也是从 0 开始计数的。所以两者的索引切片功能差别不大。例 7.2 将介绍 Series 数组的索引和切片方法,删除一个或多个元素的函数,以及增加一个元素或一组元素的方式。

例 7.2 在这个例子中,我们给出了创建 Series 数组的 3 种方式,介绍了如何获取已创建数组的各种属性,以及通过函数操作数组的若干方法。Python 程序名为 ch7example2. py,其代码如下:

```
import numpy as np
import pandas as pd
print(" ------------数组的索引------------")
data =np. random. rand(10)
index =list('abcdefghij')
s =pd. Series(data,index)
print(" 查看数组:\n" ,s)
print(" 位置下标 3:" ,s[3])
print(" 标签索引:" ,s['b'],s[['g','h']])
print(" ------------数组的切片------------")
data ={" a" :'姓名'," b" :'年龄'," c" :'性别'," d" :'住址'," e" :'学历'," e" :'职业'}
```

```
s = pd. Series( data)
print(" 位置下标切片: \n" ,s[1:4])
print(" 标签索引切片: \n" ,s['d':'i'])
print(" 从第一个开始隔 2 取 1 个值: \n" ,s[::2])
print(" ------------数组的删除,修改和添加------------")
data = np. array(['a','b','c','d','e','f','g'])
index = np. array(['苹果','香蕉','樱桃','橘子','桃子','西瓜','葡萄'])
s = pd. Series( data,index)
print(" 删除樱桃: \n" ,s. drop('樱桃'))
print(" 删除樱桃和葡萄: \n" ,s. drop(['樱桃','葡萄']))
print(" 修改桃子: \n")
s['桃子'] = 'X'
print(" 查看数组: \n" ,s)
print(" 添加 h: \n")
s['菠萝'] = 'h'
print(" 查看数组: \n" ,s)
a = pd. Series( np. random. rand(5))
print(" 添加数组: \n" ,s. append(a))
```

7.2.2 二维 DataFrame 结构

DataFrame 是一个表格型结构,是具有二维索引的一种数据结构,与 Excel 表格或 SQL 数据库的表格非常相像。具体来说,DataFrame 主要由行索引、列索引和数据值三部分构成。与 Series 一样,DataFrame 的索引类型是灵活多样的,数据值的类型也可以不相同。如果我们将 Series 数组看成带索引的一维数组,那么 DataFrame 就可以看成是一种既有行索引,又有列名称的二维数组。

DataFrame 数组的构造函数为:

```
pandas. DataFrame( data,index,columns,dtype = ,copy = False)
```

参数

data:数据值,矩阵结构,是可选参数,默认创建空数组。

index:自定义行索引,长度必须和矩阵的行长度一致。是可选择参数,默认从 0 开始的整数递增序列。

columns:自定义列索引,长度必须和矩阵的列长度一致,是可选择参数,默认从 0 开始的整数递增序列。

dtype:数据类型。

copy:复制数据选项,默认为 FALSE。

DataFrame 的常用属性如下:

DataFrame. values	DataFrame 的值
DataFrame. index	行索引
DataFrame. index. name	行索引的名字
DataFrame. columns	列索引
DataFrame. columns. name	列索引的名字
DataFrame. ix	返回行的 DataFrame
DataFrame. ix[[x,y,...],[x,y,...]]	对行重新索引,然后对列重新索引
DataFrame. T	行列转置

DataFrame 的部分常用函数如下:

DataFrame. sort_index(axis=0,ascending=True)	根据索引排序
DataFrame. count()	返回非 NaN 的元素数量
DataFrame. min()	返回最小值
DataFrame. min()	返回最大值
DataFrame. sum(axis=0,skipna=True,level=NaN)	返回非 NaN 的元素和
DataFrame. mean(axis=0,skipna=True,level=NaN)	返回非 NaN 的元素均值
DataFrame.. ix[val]	选取单个列或一组列
DataFrame. ix[:,val]	选取单个行或一组行

创建 DataFrame 数组方式是非常灵活的,我们可以通过下面几种方式来创建:首先,我们可以通过由数组或列表组成的字典创建;其次,可以通过一个 Series 组成的字典创建;再次,通过 Numpy 的二维数组直接创建;最后,通过字典组成的列表创建。

例 7.3 这个例子中,我们分别给出了创建 DataFrame 数组的 5 种方式,并介绍了如何设置默认行列索引和指定行列索引。Python 程序名为 ch7example2. py,其代码如下:

```
import numpy as np
import pandas as pd
from pandas import DataFrame
print("-------------1. 字典列表创建 DataFrame 数组-------------")
data={'姓名':['张三','李四','王五','陈六','赵七'],
        '年龄':[18,16,19,21,17],
        '身高':[1.6,1.5,1.7,1.8,1.65],
     '分数':[86,73,82,89,75],
     '年级':['高三','初三','高二','高三','高一'],
```

```
        }
df = pd. DataFrame ( data )
print ( " 创建默认行索引数组 \n : " , df )
index = [ ' 第一个人 ' , ' 第二个人 ' , ' 第三个人 ' , ' 第四个人 ' , ' 第五个人 ' ]
df = pd. DataFrame ( data , index )
print ( " 创建指定行索引数组 \n : " , df )
print ( " ------------2. Series 对象字典创建 DataFrame 数组------------" )
data1 = { " 随机数序列一 " : pd. Series ( np. random. rand ( 5 ) ) ,
         " 随机数序列二 " : pd. Series ( np. random. rand ( 6 ) )
             }
df = pd. DataFrame ( data1 )
print ( " 创建默认行索引数组 \n : " , df )
data2 = { " 随机数序列一 " : pd. Series ( np. random. rand ( 5 ) ,
         index = [ " 一 " , " 二 " , " 三 " , " 四 " , " 五 " ] ) ,
         " 随机数序列二 " : pd. Series ( np. random. rand ( 6 ) ,
         index = [ " 一 " , " 二 " , " 三 " , " 四 " , " 五 " , " 六 " ] ) }
df = pd. DataFrame ( data2 )
print ( " 创建指定行索引数组 \n : " , df )
print ( " ------------3. numpy 的二维数组创建 DataFrame 数组------------" )
a = np. random. rand ( 25 ) . reshape ( 5 , 5 )
df = pd. DataFrame ( a )
print ( " 创建默认行, 列索引数组 \n : " , df )
df = pd. DataFrame ( a , index = [ " 第一行 " , " 第二行 " , " 第三行 " , " 第四行 " , " 第五行 " ] ,
    columns = [ " 第一列 " , " 第二列 " , " 第三列 " , " 第四列 " , " 第五列 " ] )
print ( " 创建指定行, 列索引数组 \n : " , df )
print ( " ------------4. 字典表创建 DataFrame 数组------------" )
data = [ { " 一 " : 1 , " 二 " : 2 , " 三 " : 3 } , { " 五 " : 5 , " 十 " : 10 , " 十五 " : 15 , " 二十 " : 20 , " 二十
五 " : 25 } ]
df = pd. DataFrame ( data )
print ( " 创建默认行索引的数组 \n : " , df )
df = pd. DataFrame ( data , index = [ " 第一行 " , " 第二行 " ] )
print ( " 创建指定行索引的数组 \n : " , df )
print ( " ------------5. 字典嵌套创建 DataFrame 数组------------" )
data = {
    " 张三 " : { " 数学 " : 90 , " 物理 " : 89 , " 语文 " : 78 , " 化学 " : 69 , " 地理 " : 77 } ,
    " 王五 " : { " 数学 " : 82 , " 物理 " : 95 , " 语文 " : 96 , " 化学 " : 79 , " 地理 " : 67 } ,
    " 张七 " : { " 数学 " : 85 , " 物理 " : 82 , " 语文 " : 88 , " 化学 " : 89 , " 地理 " : 67 }
```

```
}
df =pd. DataFrame( data)
print(" 创建指定行和列索引的数组\n: ",df)
```

例7.4 在这个例子中,我们介绍了如何获取已创建 DataFrame 数组的各种属性,以及通过对象的函数来操作数组的方法。Python 程序名为 ch7example4. py,其代码如下:

```
import numpy as np
import pandas as pd
from pandas import DataFrame
print(" ------------数组的创建------------")
data ={' 姓名' :[' 张三' ,' 李四' ,' 王五' ,' 陈六' ,' 赵七' ],
       ' 年龄' :[18,16,19,21,17],
       ' 身高' :[1. 6,1. 5,1. 7,1. 8,1. 65],
       ' 分数' :[86,73,82,89,75],
       ' 年级' :[' 高三' ,' 初三' ,' 高二' ,' 高三' ,' 高一' ],
       }
index =[' 第一个人' ,' 第二个人' ,' 第三个人' ,' 第四个人' ,' 第五个人' ]
df =pd. DataFrame( data,index)
print(" 查看 DataFrame 数组:" ,' \n' ,df)
print(" ------------数组的属性------------")
print(" 数组的值:" ,' \n' ,df. values)
print(" 行索引:" ,' \n' ,df. index)
print(" 行索引名称:" ,' \n' ,df. index. name)
print(" 列索引:" ,' \n' ,df. columns )
cname =df. columns. name =' 王五'
print(" 列索引名称:" ,' \n' ,cname)
print(" 返回第三行数据:" ,' \n' ,df. ix[ 2] )
print(" 返回最后一列数据:" ,' \n' ,df. ix[ -1] )
print(' 转置后: \n' ,df. T)
print(" ------------数组的函数------------")
df. index. name =' 顺序'
df. columns. name =' 学生信息'
print(" 行索引升序: \n" ,df. sort_index( ascending =True) )
print(" 行索引降序: \n" ,df. sort_index( ascending =False) )
print(" 按照指定列升序: \n" ,df. sort_index( by =' 分数' ,ascending =False) )
print(" 计数: \n" ,df. count( ) )
```

```
print("汇总统计:\n",df.describe())
```

7.2.3　多层索引和多维数组

在前面的讨论中我们看到,Pandas 中有一维 Series 数据结构,有二维 DataFrame 数据结构。那么,在这小节中,我们将研究多层索引 MultiIndex 的数据结构,并结合 DataFrame 来创建多维数组。为了便于大家理解,我们将主要介绍如何利用 MultiIndex 和 DataFrame 来创建三维数组。

一个多层索引可以通过下面的构造函数来创建:

```
pandas. MultiIndex(levels,labels,names,sortorder,verify_integrity,copy)
```

参数

　　levels:每个级别不重复的标签。

　　codes:每个级别对应的整数值。

　　names:每个级别的名字。

　　sortorder:默认为 None。

　　verify_integrity:默认为 True。

　　copy:复制数据,默认为 False。

我们来看下面的例子,考虑三只股票在 2 天的收盘数据:

2020 年 6 月 4 日	收盘	成交
600006	4. 31	3801
600007	13. 21	192
600009	73. 61	1533
2020 年 6 月 5 日		
600006	4. 33	5001
600007	13. 11	2092
600009	75. 61	1333

这是一个三维数组的例子,其中日期代表一个维度,股票代码表示第二个维度,收盘信息表示第三个维度。

我们定义 levels,codes 和 names 如下:

```
levels =[['2020 年 6 月 4 日 ','2020 年 6 月 5 日 '],[600006' ,'600007' ,'600009' ]]
codes =[[0,0,0,1,1,1],[0,1,2,0,1,2]]
names =[' 日期' ,'代码' ]
```

我们利用 MultiIndex 函数来产生一个双层索引并将它带入 DataFrame 的构造函数之中就可获得一个三维数组。下面的例子给出了完整的代码。

例 7.5 在这个例子中,我们讨论了如何根据 MultiIndex 函数和 DataFrame 函数创建一个三维数组。Python 程序名为 ch7example5. py,其代码如下:

```
import numpy as np
import pandas as pd
print( " -------------MultiIndex 和 DataFrame 创建三维数组-------------" )
le =[['2020 年 6 月 4 日','2020 年 6 月 5 日'],['600006','600007','600009']]
co =[[0,0,0,1,1,1],[0,1,2,0,1,2]]
idx =pd. MultiIndex( levels =le,codes =co,names =['日期','代码'])
print( " 双层索引:\n" ,idx)
col =['价格','成交量']
data =  np. array([[4.31,3801],[13.21,192],[73.61,1533],
                       [4.3,2092],[13.1,5001],[75.61,1333]])
df =pd. DataFrame( data,index =idx,columns =col)
print( " 三维数组:\n" ,df)
```

7.3 Pandas 基本功能介绍

Pandas 是一个高效的数据分析工具,在机器学习领域获得广泛应用。由于 Pandas 具有高度抽象的数据结构 Series 和 DataFrame,因此我们可以对数据进行任何想要的操作。在本小节中,我们介绍一些 Pandas 操作数据的基本功能。

7.3.1 使用 Pandas 读取文件

Pandas 可以将读取到的数据转换为 DataFrame 类型的数据结构,然后我们就可以通过操作 DataFrame 对象进行数据分析和数据预处理以及其他的行和列操作等。Pandas 提供了丰富的 API,支持对各种文件的读写,包括 Excel,CSV 和 FXT 等文本文件。我们将重点介绍读取 CSV 文本文件的方法。

7.3.1.1 函数 read_csv( )

该函数通过指定的文件路径读取文本文件,数据之间默认分割符是逗号,成功读入后,则将文本数据转换成 DataFrame 格式。构造函数为:

```
pandas. read_csv( filepath,sep,header,usecols,dtype,skiprows,encoding)
```

参数

filepath:字符型,文本文件存放的路径加文件名称。

sep:指定分隔符,默认为",".

header:指定列名,默认为 None.

usecols:读取一个数据子集,默认为 None.

dtype:每列数据的类型,默认为 None.

skiprows:需要忽略的行数,默认为 None.

encoding:编码,默认为 None.

7.3.1.2　函数 DataFrame.to_csv

该函数通过指定的文件路径,写入文本文件,数据之间默认分割符是逗号,成功写入后,则将数据写入一个文本文件中。构造函数为:

pandas. DataFrame. to_csv(filepath,sep=',',na_rep='',float_format=None,columns=None,header=True,index=True,mode='w',encoding=None)

参数

filepath:字符型,文本文件存放的路径加文件名称。

sep:分隔符,默认为",".

na_rep:缺失数据的表示。

float_format:将浮点数格式化为字符串,默认为 None.

columns:写入文件的列标签,默认为 None.

header:是否将数据列标签写入文本,默认为 True.

index:是否将索引写入文本,默认为 True.

mode:写入模式,默认为"w".

encoding:编码,默认为 None.

例 7.6　在这个例子中,我们介绍利用 Pandas 来读取一个文本文件和写入一个文本文件,及处理含有缺失值的数据。文本文件名分别为 ch7data. txt 和 ch7data1. txt。

ch7data. txt 中的数据为:

第一专业,第二专业,第三专业,第四专业,学院名称

信息管理,计算机,大数据,安全工程,管理工程学院

工商管理,金融学,会计学,人力资源管理,继续教育学院

经济学,国际经济与贸易,贸易经济,商务经济学,经济学院

这个文本文件的第一行是标题,第二到四行是内容。

ch7data1. txt 中的数据为:

第一专业,第二专业,第三专业,第四专业,学院名称

信息管理,计算机,大数据,NA,管理工程学院

工商管理,金融学,会计学,NA,继续教育学院

经济学,NULL,贸易经济,商务经济学,经济学院

这个文本文件中含有缺失值。这两个文件的存放路径都要求与 Python 程序存放的路径相同,Python 程序名为 ch7example7. py,其代码如下:

```
import numpy as np
import pandas as pd
print(" ------------读取文本文件-------------")
data =pd. read_csv(" E:\pachong\kangy\ch7data. txt")
print(" 打印读入文本:\n",data)
print(" ------------读取文本文件并加列索引------------")
data1 =pd. read_csv(" E:\pachong\kangy\ch7data. txt",header =None)
print(" 打印读入文本:\n",data1)
data2 =pd. read_csv(" E:\pachong\kangy\ch7data. txt",
    names =[" a"," b"," c"," d"," name"],index_col =" name")
print(" 打印加列索引文本:\n",data2)
print(" ------------跳行读取文本文件------------")
data =pd. read_csv(" E:\pachong\kangy\ch7data. txt",skiprows =[0,3,5])
print(" 打印跳行读入文本:\n",data)
print(" ------------读取含有缺失值的文本文件------------")
data =pd. read_csv(" E:\pachong\kangy\ch7data1. txt")
print(" 打印有缺失值读入文本:\n",data)
print(" ------------写入一个文本文件------------")
h =[" 表一"," 表二"," 表三"]
data =[[1,2,3],[5,6,7],[8,7,9]]
df =pd. DataFrame(data,columns =h)
print(" 创建的 DataFrame:\n",df)
print(" 写入文件 ch7_data. csv:\n")
df. to_csv(" E:\pachong\kangy\ch7_data. csv")
df1 =pd. read_csv(" E:\pachong\kangy\ch7_data. csv",encoding =" utf-8")
print(" 打印读入文件 ch7_data. csv:\n",df1)
```

在上面的 Python 代码中,我们可以看到在读取含有缺失值的文本文件后,Pandas 会把数据中的 NA 和 NULL 当作是缺失值,而默认使用 NaN 进行代替。

7.3.2 Pandas 访问数据库

Pandas 具有强大的数据处理能力,不限于读取本地的离线文件,也可以在线读取数据库的数据,处理后再写回到数据库中。Pandas 支持 MySQL,Oracle,MS SQL

Server 和 SQLite 等主流数据库,我们将主要讨论 Pandas 对 MySQL 数据库的读写操作。

　　Pandas 主要是通过 SQLAlchemy 方式与数据库建立连接,SQLAlchemy 是 Python 编程语言中的一款开源库,使用 SQLAlchemy 之前需要先安装 pip install SQLAlchemy。

　　在 SQLAlchemy 库中,提供了一个引擎函数 create_engine( )来初始化数据库连接,接下来我们介绍这个创建连接数据库的引擎函数。

7.3.2.1　函数 create_engine( )

　　该函数用来初始化数据库连接:

engine＝create_engine('dialect+driver://username:password@host:port/database')

参数

　　dialect:数据库类型。

　　driver:数据库驱动选择。

　　username:数据库用户名。

　　password:数据库用户密码。

　　host:服务器地址。

　　port:端口。

　　database:数据库。

　　总结就是:

'数据库类型+数据库驱动名称://用户名:口令@机器地址:端口号/数据库名'

　　对于 MySQL 数据库,我们的初始化数据库连接为:

create_engine('mysql+pymysql://root:a_rkno!23@201958@localhost:3307/mydata?charset=utf8')

　　连接上 MySQL 数据库后,我们利用 Pandas 提供的函数对数据库进行查询和对数据库写入。

7.3.2.2　函数 read_sql

　　该函数通过 SQL 语句读取数据库中数据,存储为 DataFrame 格式:

pandas.read_sql(sql,con,index_col,coerce_float,params,parse_dates＝None,chunk-size＝None)

参数

　　sql:字符型,要执行的 SQL 查询。

con:字符型,连接 SQL 数据库的引擎。

index_col:字符型,选择某一列作为行索引,默认为 None。

coerce_float:布尔型,将数字形式的字符串直接以 float 型读入,默认为 True。

Params:列表或字典型,要传递的参数列表。

parse_dates:将某一列日期型字符串转换为 datetime 型数据,默认为 None。

chunksize:整数型,默认为 None。

7.3.2.3　函数 read_sql_table

该函数通过表名读取整张表中的数据,存储为 DataFrame 格式:

pandas. read_sql_table(table_name,schema,index_col,coerce_float,parse_dates,columns,chunksize)

参数

table_name:字符型,SQL 表的名称。

con:字符型,连接 SQL 数据库的引擎。

index_col:字符型,选择某一列作为行索引,默认为 None。

coerce_float:布尔型,将数字形式的字符串直接以 float 型读入,默认为 True。

columns:列表型,要选择的列名,默认为 None。

parse_dates:将某一列日期型字符串转换为 datetime 型数据,默认为 None。

chunksize:整数型,默认为 None。

7.3.2.4　函数 to_sql( )

该函数将存储在 DataFrame 中的数据写入 SQL 数据库:

pandas. DataFrame. to_sql(table_name,con,if_exists =' fail' , index =True,index_label =None,chunksize =None,dtype =None)

参数

table_name:字符型,SQL 表的名称。

con:字符型,连接 SQL 数据库的引擎。

if_exists:如果表已存在,三个选项中,fail 报异常;replace 在插入新值之前删除表;append 将新值插入现有表,默认为' fail' 。

index:布尔型,将 DataFrame 索引写成列,使用 index_label 作为表中的列名,默认为 True。

index_label:字符型,索引列的列标签,如选默认(None)且 index 为 True,则使用索引名称。

chunksize:整数型,行一次批量写入的数量,默认为 None。默认情况下,所有行都将立即写入。

dtype:字典型,指定列的数据类型,默认为 None。

例 7.7 在这个例子中,我们介绍利用 Pandas 操作 MySQL 的函数读取两个股票日行情信息,将 DataFrame 数据结构的数据写入 MySQL 数据库。

```
import pymysql
import numpy as np
import pandas as pd
from sqlalchemy import create_engine
print(" ------------通过 SQL 语句从 MySQL 数据库读数据------------")
engine=create_engine('mysql+pymysql://root:a_rkno! 23@201958@localhost:3307/
mydata? charset=utf8')
sql='select * from sh603266;'
df=pd. read_sql(sql,con=engine)
print(" 上交所股票 603266 的日行情数据:\n",df)
print(" ------------通过表名从 MySQL 数据库读数据------------")
df1=pd. read_sql_table(table_name='sz002399',con=engine)
print(" 深交所股票 002399 的日行情数据:\n",df1)
print(" ------------通过 SQL 语句从 MySQL 数据库读数据------------")
conn=pymysql. connect(host='127. 0. 0. 1',port=3307,user='root',passwd='a_rkno!
23@201958',db='mydata',charset='utf8')
cur=conn. cursor()
create_database_sql='CREATE DATABASE IF NOT EXISTS ch7_db DEFAULT CHAR-
SET utf8 COLLATE utf8_general_ci;'
cur. execute(create_database_sql)
print(" 创建数据库 ch7_db:\n")
df2=pd. DataFrame([[1,"管理工程学院","西校区"],
                  [2,"继续教育学院","东校区"]],columns=[" id","学院名称",
"校区"])
print(" 首都经济贸易大学学院信息:\n",df2)
engine1=create_engine('mysql+pymysql://root:a_rkno! 23@201958@localhost:
3307/ch7_db? charset=utf8')
con1=engine1. connect()
df2. to_sql(name='首都经济贸易大学学院信息',con=con1,if_exists='fail',index=
False)
df3=pd. read_sql_table(table_name='首都经济贸易大学学院信息',con=engine1)
print(" 首都经济贸易大学学院信息:\n",df3)
```

7.3.3 Pandas 的数据运算

Pandas 的数据运算方法和 Numpy 基本一致,Pandas 对象拥有一组常用的数学运算和统计方法。Numpy 的运算体系是基于数据本身完整性,是假设没有缺失数据的条件下构建的;Pandas 则能够在含有缺失数据的情况下进行各种数学运算。我们通过下面的例子说明 Pandas 对象之间的基本运算、基本统计运算。

例 7.8 这个例子介绍了 Pandas 数据的基本运算、排序和重新索引以及基本的统计运算。数据是从文件 ch7data2. txt 中读取的。Python 程序名为 ch7example8. py,其代码如下:

```
import numpy as np
import pandas as pd
print(" ------------读取文本文件------------")
data =pd. read_csv(" E:\pachong\kangy\ch7data2. txt",usecols =['产值','人口'])
print(" ch7data2:\n" ,data)
print(" ------------加减乘除运算------------")
print(data. head(5))
#读入的数据类型不是数值型,需要先转换
data['产值'] =pd. to_numeric(data['产值'],errors =' coerce')
a =[4,5,3,np. NAN,2]
s =pd. Series(a)
print("s:\n" ,s)
print("加法:\n" ,data. head(5). add(s,axis =0))
print("乘法:\n" ,data. head(5)/10)
print(" ------------排序和重新索引------------")
print("按人口排序:\n" ,data. sort_values(by ="人口",ascending =False))
ss =['城市','人口','产值']
print("列重新索引:\n" ,data. reindex(columns =ss))
print("行重新索引:\n" ,data. reset_index(drop =True))
tt =['1','3','5','7','0','2','4','6','8']
print("行重新索引:\n" ,data. reindex(tt))
print(" ------------基本统计运算------------")
print("产值的中位数:\n" ,data['产值']. median(axis =0))
c =list(" abcde")
df =pd. DataFrame(np. random. randn(6,5),columns =c)
print(" df:\n" ,df)
print(" df 的统计数据:\n" ,df. describe())
```

7.4　Pandas 的数据分类

　　数据可以分为数值型数据和分类数据。比如,股票价格、销售收入等都是可以比较大小并能够运算的数据。分类数据从类型量化获得,比如中国的直辖市和省份,如果对其量化,我们可以给每个直辖市和省份赋值,北京=1,上海=2,天津=3,⋯,西藏=31,这时数字1,2,⋯,31之间没有大小之分,不能认为31比1大。

　　在数据的采集过程中,我们会处理重复的分类数据。经常遇到有国家、性别、接受和拒绝等。描述分类数据的变量为分类变量,不难看出,分类变量的取值只能是有限的数量,而且通常是固定的数量。分类变量的每一个值代表了一个类别,变量值可能有顺序,但不能执行数学计算。

　　Pandas 可以在 DataFrame 结构中支持分类变量和分类数据,我们将讨论 Pandas 如何用数字表示分类数据。分类文本数据的特点是数据包含了文本列,其中有许多重复的元素,比如股票简称、我们前面提到的直辖市和省份等,它们通常都是用文本来表示的。

　　对于 Series 数据结构,我们可以通过设置参数 dtype 直接创建一个 categorical 型的 Series 数组:

```
pd. Series( list, dtype =' category' )
```

　　对于 DataFrame 数据结构,我们在定义了数组之后对类别列通过 astype( ) 函数转换类型:

```
df =pd. DataFrame( { ' 分类' :[ ' 类别 1' ,' 类别 2' ,' 类别 3' ] } )
```

转换指定列的数据类型为:

```
df[ ' 分类' ] =df[ ' 分类' ]. astype( ' category' )
```

　　利用 Pandas 的 Categorical 函数也可以生成类别型数据后转换为 Series,或替换 DataFrame 中的内容,我们首先介绍函数 pandas. Categorical( )。该函数用于生成类别型数据:

```
pandas. Categorical( values, categories =None, ordered =None, dtype =None, fastpath =
False)
```

参数

　　values:列表型,分类的值,如果有类别,不属于任何类别的值被赋予 NaN。

categories:索引型,类别,默认为 None。

ordered:布尔型,默认为 False。

dtype:数据类型,默认为 None。

属性 codes:

pandas. Categorical. codes

通过属性 codes 我们就可以直接获得原始数据对应的序号列表,通过这样的处理可以把以文本表示的类别转化成数值表示的类别。

例 7.9 下面的例子综合了生成类别型数据的几种方法。考虑下面的字典列表和数组列表:

```
Data={'姓名':['张三','李四','王五','陈六'],
'余额':[100.0,200.0,300.0,400.0],
'性别':['女性','男性','男性','女性']},
columns=['姓名','余额','性别'])
```

在这个例子中我们可以用"性别"来分类,这里我们把它表示为文本变量,Pandas将文本变量表示为对象类型,利用 Pandas 的 Categorical 可以把这个分类变量数字化。Python 程序名为 ch7example9. py,其代码如下:

```python
import numpy as np
import pandas as pd
print(" -------------一维 Series 数组的类别创建-------------")
l=['女性','男性','男性','女性']
sc=pd. Series(l,dtype='category')
print(" 查看 Series 分类数据:\n",sc)
print(" -------------DataFrame 数据结构的类别创建-------------")
data={'姓名':['张三','李四','王五','陈六'],
    '余额':[100.0,200.0,300.0,400.0],
    '性别':['女性','男性','男性','女性']}
col=['姓名','余额','性别']
df=pd. DataFrame(data,columns=col)
print(" 查看数据:\n",df)
print(" 查看数据类型:\n",df. dtypes)
print(" 文本表示类别转换到数字表示类别:\n",df)
df['性别']=df['性别']. astype('category')
print(" 查看数据:\n",df)
print(" 查看数据类型:\n",df. dtypes)
```

```
print(" ------------Categorical( )生成类别型数据------------" )
cat =pd. Categorical(l,categories =['女性','男性' ])
series_cat =pd. Series(cat)
print(" 查看 Series 分类数据: \n" ,series_cat)
l1 =['女性','男性','女性','同性' ]
cat1 =pd. Categorical(l1,categories =['女性','男性' ])
df1 =pd. DataFrame({'l1' : cat1} )
print(" 查看数据: \n" ,df1['l1' ])
```

我们来看程序 DataFrame 部分的运行结果。文本表示类别的数据类型为:

```
姓名        object
余额        float64
性别        object
dtype : object
```

而转换为数字表示类别的数据类型为:

```
姓名        object
余额        float64
性别        category
dtype : object
```

我们看到后者中的性别列已经被转换成了 category 型变量。

7.5　数据分组 groupby 的应用

在一些场合,我们需要将数据分成若干组,并在每组上应用一些统计计算后再合并计算结果。groupby 函数是 Pandas 框架中的一种能够完成分组、计算和合并的函数。我们可以通过参数对 DataFrame 进行分组。分组的方法大致有两大类:一是可以通过字典或者 Series 进行分组,二是可以根据表本身的某一列或多列内容进行分组。

接下来我们介绍 groupby( )函数的定义和应用。该函数根据参数对数据进行分组:

```
DataFrame. groupby( by =None,axis =0,level =None,as_index =True,sort =True,group_
keys =True,squeeze =False)
```

参数

by:字典型,键值,默认为 None。

axis:整数型,默认为 0。

level:整数型,默认为 None。

as_index:布尔型,默认为 True。

sort:布尔型,默认为 True。

group_keys:布尔型,默认为 True。

squeeze:布尔型,默认为 False。

返回值:groupby 的对象。

我们给出 groupby()函数对数据进行分组操作的基本过程,可以概括为分割数据、应用函数和合并结果三步。分割数据是按照键值或者分组变量将数据分组;然后对分组后的每个组应用函数,这一步非常灵活,可以是 Python 自带函数,也可以是我们自己编写的函数;最后再将函数计算后的结果合并。

比如,我们构造一个 DataFrame 数组,按某列分组后求均值,我们可以指定一列或多列进行分组,并返回一个 groupby 对象,然后再对每组求均值。可以直接计算也可以直接调用 mean()。

例 7.10 下面的例子介绍了 groupby()函数数据的几种应用方法。考虑下面的字典列表:

Data={'第一列':['壹','贰','壹','叁','壹','叁','贰','叁'],

'第二列':[20,80,10,40,30,20,50,90],

'第三列':[1002,980,1070,1030,1150,870,950,1230]},

在这个例子中,我们可以用"第一列"来分割数据,即用"壹""贰""叁"来分组,然后计算第二列和第三列分组后的均值。Python 程序名为 ch7example9. py,其代码如下:

```
import numpy as np
import pandas as pd
def maxmin(x):
    return x. max() -x. min()
print(" -------------按第一列分组,获取其他列的均值-------------" )
data={'第一列':['壹','贰','叁','叁','壹','叁','贰','叁'],
'第二列':[20,80,10,40,30,20,50,90 ],
'第三列':[1002,980,1070,1030,1150,870,950,1230 ]}
df=pd. DataFrame( data)
print(" 查看数据:\n" ,df)
gb =df. groupby('第一列') . mean()
```

```
print("打印按第一列分组后均值:\n",gb)
gb=df.groupby('第一列').agg(maxmin)
print("打印按第一列分组后自定义函数值:\n",gb)
gb=df.groupby(['第一列','第二列']).mean()
print("打印按第一列和第二列分组后均值:\n",gb)
print("-------------按第一列分组,选择'贰'组-------------")
gb=df.groupby('第一列')
print("按第一列分组后选择组'贰':\n",gb.get_group('贰'))
print("-------------按第一列分组,查看每个组的大小-------------")
gb=df.groupby('第一列')
print("打印按第一列分组后每个组的大小:\n",gb.agg(np.size))
```

习题

1. 对于一维数组 data=['姓名',False,100]和 index=['第一','第二','第三']:

(1)创建默认 Series 数组后获取 100,打印创建后的数组。

(2)创建以 index 为索引的 Series 数组后获取 False,并打印结果。

(3)对于上述两种情况下的数组,删除 False。

2. 对于字典 dict={"管理工程学院":1,"继续教育学院":2,"经济学院":3,"会计学院":4,"城市管理学院":5}

(1)创建 Series 数组后获取前两条数据,打印创建结果。

(2)获取第一、三、五条数据,并打印结果。

(3)增加劳动经济学院,并打印结果。

3. 对于下面的二维表格:

编号	年龄	体重	身高	数学	语文
No. 1	18	50	1.6	60	90
No. 2	16	99	1.5	70	80
No. 3	19	70	1.7	100	70

(1)利用 Numpy 二维数组分别创建默认和指定 DataFrame 数组,打印创建后的数组。

(2)利用字典表分别创建默认和指定 DataFrame 数组,打印创建后的数组。

(3)利用嵌套字典创建默认和指定 DataFrame 数组,打印创建后的数组。

4. 对于下述数据:

Data={'葡萄酒':['长城','王朝','张裕','威龙','通化'],'年份':[2008,

None,2010,2011,2012],价格':[100,110,120,113,114]}

    index=['一','二','三','四','五'])

    (1)创建默认 DataFrame 数组,打印创建后的数组。

    (2)用 index 作为行索引创建默认 DataFrame 数组,打印创建后的数组。

    (3)分别获得该数组行名和列名,打印这些信息。

    (4)获得并打印数组的值。

    (5)检查数组中的缺失值和未缺失值,打印结果。

    (6)获得并打印数组的前一行和最后两行。

    (7)删除有缺失值的行,打印结果。

    5. 对于下述多层行索引和列索引数据:

    index=[["上半年","上半年","下半年","下半年"],["一季度","二季度","三季度","四季度"]]

    columns=[["水果","水果","蔬菜","蔬菜"],["香蕉","菠萝","芹菜","青椒"]])

    (1)如果 data=np. random. random(size=(4,4)),创建双层索引的 DataFrame 数组,打印创建后的数组。

    (2)如果 year=["2019","2020"],data=np. random. random(size=(8,4)),创建双层索引的三维数组,打印创建后的数组。

    6. 对于下述数据:

    head=['编码','姓名','年龄','性别','职位']

    l=[[1,'张三',23,'男','开发'],[2,'李五',Na,'女','管理'],[3,'陈七',22,'男','开发']]

    (1)创建一个 DataFrame 结构并将其写入一个文本文件中,打印创建后的数组。

    (2)读取已写入的文本文件的第一行和第三行,打印读取结果。

    (3)读取已写入的文本文件的姓名列和职位列,打印读取结果。

    7. 给定 MySQL 数据库的初始化连接引擎信息:

    ('mysql+pymysql://root:a_rkno! 23@ 201958@ localhost:3307/mydata? charset=utf8')和数据表 sh603601

    (1)建立与数据库的连接。

    (2)读取表 sh603601 的内容,打印读取到的结果。

    (3)利用已读取到的信息计算收盘价的5日移动平均值和5日振幅,打印计算结果。

    (4)将5日移动平均值和5日振幅写入表 js60360 后,再将数据读出,打印计算结果。

8. 给定下述数据：

data = {'姓名'： {'编号1':'张三','编号2':'李五','编号3':'陈六'},

'年龄'： {'编号1':18, '编号2':16, '编号3':19},

'身高'： {'编号1':1.6, '编号2':1.5, '编号3':1.7}}

(1)利用 data 创建 DataFrame 二维数组。

(2)对二维数组进行行索引的升序和降序计算。

(3)按照'年龄'对二维数组进行行索引的升序和降序计算。

(4)对二维数组一次性产生多个汇总统计。

(5)计算每列的最大值和最小值。

9. 给定下述数据：

list = ['好','中','差','好','中','差']

data = {'姓名':['张三','李五','陈六','王七'],

'年龄':[18,16,19,13],

'体育':['良好','中等','良好','一般']}

Columns = ['良好','中等','良好','一般']

(1)利用 list 创建非排序和排序分类数据。

(2)利用 list 创建自定义顺序的分类数据。

(3)根据 data 和 columns 数据创建一个 DataFrame 数组。

(4)根据体育成绩创建分类数据。

(5)把文本表示的分类转化成数字表示的分类。

10. 考虑下述数据：

data = {'组名':['奔跑者','奔跑者','魔鬼','魔鬼','国王','国王','国王',
'国王','奔跑者','皇家','皇家','皇家'],'排行':[1,2,2,3,3,4,1,1,2,4,1,2],
'年份':[2014,2015,2014,2015,2014,2015,2016,2017,2016,2014,2015,2017],

'分数':[876,789,863,673,741,812,756,788,694,701,804,690]}

(1)根据 data 数据创建一个 DataFrame 数组。

(2)根据组名进行分组后计算平均分数，并打印分组结果。

(3)根据组名和年份进行分组，并打印分组结果。

(4)根据年份进行分组，选择 2015 年组，并打印选择结果。

(5)根据组名进行分组，查询每个组的大小，并打印选择结果。

8 数据清洗和预处理

本章提要

1. 掌握处理数据集中重复数据的方法，能够使用函数来标记重复数据，并能够通过函数来删除重复数据。

2. 能够处理数据集中的缺失数据，包括各种检测缺失数据的方法，删除缺失数据对应的行和列，及填充缺失数据。

3. 异常数据的检测方法有两种——标准差法和箱线图法，能够使用 Pandas 实现异常数据的检测，以及对异常数据的处理。

4. Pandas 支持的数据类型最为丰富，对于数值计算来说，使用 Pandas 的默认 int64 和 float64 就可以。掌握 Pandas 字符（object）转换为其他数据类型的三种方法。

5. 学习并能够使用 Pandas 中处理字符串的类函数 str 对 Series 中字符串进行各种操作和处理。

6. 需要掌握日期和时间的数据类型的基本概念，能够使用日期范围函数产生日期序列，通过这个序列来生成时间序列数据，并能够对时间序列数据进行索引、切片和过滤。

如果数据在采集、整理和存储过程中"脏"了，我们需要对数据进行清洗以方便模型使用。这里数据"脏"的概念在于数据有重复，或数据有缺失，或数据存在不一致性，所以数据清洗的目的就是删除重复数据，补齐缺失的数据，以及消除数据的不一致性。这样才能保证数据质量，支撑数据分析模型。

那么如何进行数据清洗？我们可以利用数理统计中的方法和预定义的清洗规则将有问题数据转化为满足质量要求的数据。数据清洗是一个反复的过程，只有不断地发现问题并解决问题，持续优化才能达到效果。比如发现清洗规则过于严格，可能导致有用数据被剔除，则需要对规则进行修改。

8.1 数据编码问题

计算机使用的 ASCII 码把每个英文字母和字符以二进制数的方式存储在计算机内，但最多只能表示 233 个字符，ASCII 的编码使用 1 个字节，对于中文语系的语言来说有极大的限制。在这里我们需要理解字符和字节是两个不同的术语，UNICODE、GBK 和 GBK2312 都是字符集，这些字符需要通过使用两个或多个字节来表示，突破了 ASCII 的限制，最多可以表示超过 90 000 个字符。

UTF-8 编码是在 UNICODE 字符集基础上的一种具体的编码方案，属于所谓的可变长编码，即把一个 UNICODE 字符根据不同的数字大小编成 1 到 6 个字节，所以英文字母被编成 1 个字节，普通汉字被编成 3 个字节，生僻的字符被编成 4 到 6 个字节。从这个意义上来说，ASCII 码可以被看成是 UTF-8 的一部分。不难看出，UTF-8 编码的目的是为了更好地存储和传输，除此之外还有 UTF-16、UTF-32 等。

同样原理，我们还有基于 GBK 的编码，比如 ANSI 编码和基于 GBK2312 的编码。

所以在 Python 中，当我们需要将数据存储到文件中时，需要将数据先按某种方式（UTF-8 或 GBK）进行编码（encode）。UNICODE、UTF-8 和 GBK 之间的转换，需要先把 UTF-8 或 GBK 转为 UNICODE，然后再进行下一步转换。

Python 内部运行时使用的是 UNICODE 编码，在 Python 中 ASCII 字符串为 StringType 型，而 UNICODE 字符串为 UnicodeType 型。我们在实际应用 UNICODE 时要注意以下事项：

（1）如果在 Python 程序中要使用 UNICODE 字符串，则一定要加前缀"u"。

（2）要用 unicode( ) 函数来代替 str( ) 函数，不要使用过时的 string 模块。

（3）当需要写入文件或者数据库或者网络时，我们调用编码 encode( ) 函数，而在读取数据的时候调用解码 decode( )函数。

（4）Python 标准库里面的模块都与 UNICODE 兼容。如果程序中需要使用第三方模块，要确保各模块均能统一使用 UNICODE。

例8.1 在这个例子中，我们分几个段落分别给出了查询单个汉字的 UNICODE 码，UNICODE、UTF-8 和 GBK 之间的转换，UNICODE 字符串的编码和解码及 UNICODE 字符串的存储。Python 程序名为 ch8example1. py，其代码如下：

```python
import codecs
import chardet
print(" -------------单个汉字的 unicode 码查询-------------")
print(" 查看汉字"首"的 unicode：\n",ord('首'))
print(" 查看数字"65"对应的单字符：\n",chr(65))
print(" -------------UNICODE,UTF-8 和 GBK 编码关系及转换-------------")
s =u' 大学'
print(" 打印用 unicode 编码的大学：\n",s)
utf =s. encode('utf-8')
print(" 打印用 utf-8 编码的大学：\n",utf)
gbk =utf. decode('utf-8'). encode('gbk')
print(" 打印用 gbk 编码的大学：\n",gbk)
print(" -------------unicode 字符串编码和解码-------------")
s ='继续教育学院'
s1 =codecs. encode(s)
print(" 打印编码后的数据：\n",s1)
s2 =codecs. decode(s1)
print(" 打印解码后的数据：\n",s2)
print(" -------------unicode 字符串的存储-------------")
x =u' 首都经济贸易大学'
print(x)
f =open('E：\pachong\kangy\ch8example1. txt','w')；
x =x. encode('utf-8')
print(" 查看 x 的编码类型：\n",chardet. detect(x))
x1 =str(x,encoding =" utf-8")
print(x1)
f. write(x1)
f. close()
```

8.2　数据的清洗

8.2.1　重复数据检测与处理

数据录入过程和数据整合过程中都可能会产生重复冗余数据,直接删除或采用规则加以去除都可以处理重复数据。Pandas 库提供查看和处理重复数据的方法 duplicated 和 drop_duplicates。

8.2.1.1　函数 duplicated( )

该函数通过指定列来判断数据的重复项:

DataFrame. duplicated(subset =None,keep = ' first')

参数

subset:一个列标签或多个标签,默认为 None,即使用所有列。

keep:参数可选项为{ ' first' , ' last' ,False},first 把第一次出现的重复数据标记为 True,last 将最后一次出现重复数据标记为 True,False 将所有重复数据标记为 True。

返回值:指定列的重复行。

8.2.1.2　函数 drop_duplicates( )

该函数删除重复数据:

DataFrame. drop_duplicates(subset =None,keep = ' first' , inplace =False)

参数

subset:一个列标签或多个标签,默认为 None,即使用所有列。

keep:参数的可选项为{ ' first' , ' last' ,False},first 把第一次出现的重复数据标记为 True,last 将最后一次出现重复数据标记为 True,False 将所有重复数据标记为 True。

inplace:布尔型,默认为 False,即将结果生成一个副本,如选 True,则直接对原 DataFrame 进行操作。

返回值:副本或替换。

例 8.2　考虑数据:

Data = { '第一列' : ['一' , '二' , '二' , '二' , '二' , '三' , '五'] , '第二列' : ['壹' , '贰' , '壹' , '贰' , '壹' , '壹' , '壹'] , '第三列' : [11,22,33,44,55,66,77] }

index = ['a','a','b','c','b','a','c']

并生成数据。在这个例子中,我们分别介绍如何标记重复数据、删除被标记重复数据。Python 程序名为 ch8example2. py,其代码如下:

```python
import numpy as np
import pandas as pd
print(" -------------标记 DataFrame 中的重复数据-------------" )
data = {' 第一列' :[' 一',' 一',' 二',' 二',' 二',' 三',' 五'],' 第二列' :
    [' 壹',' 贰',' 壹',' 贰',' 壹',' 壹',' 壹'],' 第三列' :[11,22,33,44,55,66,77]}
index = ['a','a','b','c','b','a','c']
df = pd. DataFrame( data,index)
print(" 查看 DataFrame 数组:\n",df)
print(" 默认所有列:\n",df. duplicated( keep =' first' ) )
print(" 按第一列标记重复数据:\n",df. duplicated(' 第一列' ) )
print(" 按第一列和第二列标记重复数据:\n",df. duplicated([' 第一列',' 第二列' ],keep
=' first' ) )
print(" 按第一列标记重复数据:\n",df. duplicated(' 第一列',keep =' last' ) )
print(" 按第一列和第二列标记重复数据:\n",df. duplicated([' 第一列',' 第二列' ],keep
=' last' ) )
print(" -------------删除 DataFrame 中的重复数据-------------" )
print(" 删除第一列标记的重复数据( keep =' first' ) :\n",df. drop_duplicates(' 第一列' ) )
print(" 删除第一列和第二列标记的重复数据( keep =' first' ) :\n",df. drop_duplicates([' 第
一列',' 第二列' ] ) )
print(" 删除第一列标记的重复数据( keep =' first' ) :\n",df. drop_duplicates(' 第一列',
' last' ) )
print(" 在原 DataFrame 上执行删除操作:\n" )
print( df. drop_duplicates(' 第一列',keep =' last',inplace =True) )
print(" 返回一个 DataFrame 副本:\n" )
print( df. drop_duplicates(' 第一列',keep =' last',inplace =False) )
print(" -------------标记 Series 中的重复数据-------------" )
s = pd. Series([' 一',' 一',' 二',' 二',' 二',' 三',' 五' ],index,name =' sname' )
print(" 查看 Series 数组:\n",s)
print(" 标记重复数据:\n",s. duplicated(' first' ) )
print(" 标记重复数据:\n",s. duplicated(' last' ) )
print(" 标记重复数据:\n",s. duplicated(False) )
print(" -------------删除 Series 中的重复数据-------------" )
print(" 删除 Series 中的重复记录:\n",s. drop_duplicates( ) )
```

8.2.2 缺失数据检测与处理

对于数据集中缺失值的处理是数据清洗中较为常见的问题之一,在处理缺失值时通常要求遵循一定的原则。一般来说,连续变量的缺失值可以使用均值或中位数或众数填补;分类变量无需填补,可作为一个类别对待。

Pandas 库提供了检测和处理缺失数据的方法,接下来我们分别讨论相关的函数。

(1)函数 isnull()。该函数检测数据集中是否存在缺失值。元素级别的判断,把对应的所有元素的位置都列出来,元素为空或者 NA 就显示 True,否则就是 False。

DataFrame. isnull()

返回值:所有数据的一个 True 或 False 矩阵。

(2)函数 isnull(). any()。该函数对一个列中是否含有缺失数据进行判断,只要该列有空或者 NA 的元素,就为 True,否则为 False。

Pandas. DataFrame. isnull(). any()

返回值:所有列的一个 True 或 False 列表。

(3)函数 isnull(). sum()。该函数可统计列中为空的个数。

(4)函数 dropna()。该函数可统计列中为空的个数。

Pandas. DataFrame. dropna(axis = 0, how =' any' , thresh = None, subset = None, inplace = False)

参数

axis:整数型,等于 0 删除包含缺失值的行,等于 1 删除包含缺失值的列。

how:字符型,与参数 axis 配合使用,等于"any"时,只要有缺失值出现,就删除该行或列,等于"all"时,当所有的值都缺失,才删除行或列。

thresh:整数型,axis 中至少有 thresh 个非缺失值,否则删除。

subset:列表型,在这些列中查看是否有缺失值。

inplace:布尔型,如果为 True 在原数据上操作;如果为 False,在副本上操作。

(5)函数 fillna()。该函数对缺失值用某些值进行填充。

DataFrame. fillna(value = None, method = None, inplace = False, limit = None)

参数

value:字典型,可以指定每一行或列用什么值填充。

method：字符型，可选项：{'backfill'，'bfill'，'pad'，'ffill'，None}，默认为None，在列上操作，ffill/pad 使用前一个值来填充缺失值，backfill/bfill 使用后一个值来填充缺失值。

inplace：布尔型，如果为 True 在原数据上操作；如果为 False，在副本上操作。

limit：整数型，填充的缺失值个数限制。

例 8.3 考虑下述字典列表：

data={"学院"：['继续教育'，'工程管理'，'经济']，
　　　"课程"：[np. nan，'信息管理'，'商务经济']，
　　　"地点"：[np. nan，"西区"，np. nan]}

在这个例子中，我们用字典列表生成 DataFrame 数据，然后，分别介绍如何检测缺失数据，删除缺失数据对应的记录，及用其他数来填充缺失数据。Python 程序名为 ch8example3. py，其代码如下：

```python
import numpy as np
import pandas as pd
print("-------------检测数据集中是否存在缺失值-------------")
data={"学院":['继续教育','工程管理','经济'],
                "课程":[np.nan,'信息管理','商务经济'],
    "地点":[np.nan,"西区",np.nan]}
df=pd.DataFrame(data)
print("查看 DataFrame 数组:\n",df)
print("查看缺失数据:\n",df.isnull())
print("查看含有缺失数据的列:\n",df.isnull().any())
print("-------------去掉含有缺失值的样本数据-------------")
print("删除含有缺失数据的行:\n")
print(df.dropna())
print("删除含有缺失数据的列:\n")
print(df.dropna(axis='columns'))
print("删除都是缺失数据的行:\n",df.dropna(how='all'))
print("删除含有 2 个缺失数据的行:\n",df.dropna(thresh=2))
print("选择列后删除缺失数据:\n",df.dropna(subset=['学院','地点']))
print("-------------缺失数据的填充-------------")
df1=pd.DataFrame([[np.nan,22,np.nan,0],
                    [33,53,np.nan,81],
                    [np.nan,np.nan,np.nan,95],
                    [np.nan,63,np.nan,78]],
```

```
                      columns=['列1','列2','列3','列4'])
print("查看DataFrame数组:\n",df1)
print("使用0代替所有的缺失值:\n",df1.fillna(0))
print("使用前面的值填充缺失值:\n",df1.fillna(method='ffill'))
print("使用后面的值填充缺失值:\n",df1.fillna(method='bfill'))
v={'列1':1,'列2':3,'列3':5,'列4':7}
print("每一列使用不同的缺失值:\n",df1.fillna(value=v))
print("只替换第一个缺失值:\n",df1.fillna(value=v,limit=1))
```

8.2.3　异常值检测与处理

异常值会对统计结果产生较大的影响。比如,在钢琴比赛中,最后统计分数时都会同时去掉一个最高分和去掉一个最低分,将剩下的分数进行平均来获得最终的评分。在本小节中,我们分别介绍标准差法和箱线图法检测一个数据集中是否存在异常值的方法,然后再讨论对异常值的处理方法。我们将使用 Pandas 中的函数检测和处理异常值。

所谓标准差法,就是以数据样本均值和标准差为基准,如果数据值距离平均值相差 2 个标准差以上,这个数据就是异常值。

箱线图法是以上下二个四分位作为过滤标准,如果样本值不在上下四分位加标准差的范围之内,就认为这个数据是异常值。

选择哪种方法进行异常值检测则取决于数据的分布。如果数据近似服从正态分布,优先选择标准差法,因为数据的分布相对比较对称。否则优先选择箱线图法,因为分位数并不会受极端值的影响。

在检测到异常数据之后,我们如何对它进行处理? 异常数据处理方法主要有 3 种:第一,删除法,即直接将对应的记录删除。第二,替换法,可以用均值或中位数替换该数据。第三,将异常值视为缺失值,交给缺失值处理方法处理。

例8.4　考虑下述字典列表:

data=[[1,12],[120,17],[3,31],[5,53],[2,22],[12,32],[13,43]]
columns=['列1','列2']

在这个例子中,我们用上述数组生成 DataFrame 数据;然后,再利用检测异常数据的两种方法对数组进行检测并找到异常值;最后用数组均值替换异常数据。Python 程序名为 ch8example4.py,其代码如下:

```
import numpy as np
import pandas as pd
print("-------------标准差方法检测数据集中异常值-------------")
```

```
data=[[1,12],[1120,17],[3,31],[5,53],[2,22],[12,32],[13,43]]
columns=['列1','列2']
df=pd.DataFrame(data)
print("查看DataFrame数组:\n",df)
df_copy=df.copy()
df_copy=(df_copy-df_copy.mean())/df_copy.std()
print("查看异常数据:\n",df_copy>2)
print("-------------箱线图方法检测数据集中异常值-------------")
df_copy1=df.copy()
q1=df_copy1.quantile(q=0.25)
q2=df_copy1.quantile(q=0.75)
q3=q2-q1
top=q2+1.5*q3
bottom=q2-1.5*q3
print("正常值的范围:",top,bottom)
print("是否存在超出正常范围的值:",df_copy1>top)
print("是否存在小于正常范围的值:",df_copy1<bottom)
print("-------------异常数据的处理-------------")
replace_value=df[0].mean()
df.replace(1120,replace_value,inplace=True)
print("查看DataFrame数组:\n",df)
```

8.3　数据类型转换操作

我们在利用 Pandas 进行数据计算的时候,经常会遇到数据类型的问题。当我们拿到数据的时候,首先要确定拿到的是正确类型的数据,如果不是,则可通过数据类型的转化达到我们的要求。所以我们需要了解 Pandas 的数据类型,以及与 Numpy 和 Python 数据类型之间的对应关系。我们来看表 8.1。

表 8.1　数据类型的比较

类型	Pandas	Python	Numpy	用途
字符型	object	str	string	文本
整数型	int64	int	int16,int32,int64	整数
浮点型	float64	float	float16,float32,floa64	浮点数

类型	Pandas	Python	Numpy	用途
布尔型	bool	bool	bool True/False	
日期型	datetime64	NA	datetime64	日期时间
类别型	category	NA	NA	类别

不难看出,Pandas、Python 和 Numpy 这 3 种数据类型的对应关系可能令人困惑的地方是它们之间有一些重叠。主要区别在于 Numpy 中 int 类型默认为 int32,而 Pandas 中默认 int64,Numpy 中存储字符串用定长的 str 类型,而 Pandas 中统一使用 object。但是在大多数情况下,我们不用将 Pandas 类型强制转换为对应的 Numpy 类型。从表 8.1 中可以看出,Pandas 支持的数据类型最为丰富,对于数值计算来说,使用 Pandas 默认的 int64 和 float64 就可以。

接下来我们讨论 Pandas 的数据类型之间的转换,我们将重点介绍 Pandas 的 object 类型转换成数值类型的 3 种方法。第一,我们可以在创建数组时通过参数 dtype 指定数据类型;第二,可以通过函数 astype( )强制类型转换;第三,可以使用函数 to_numeric( )转换成适当的数值类型。

8.3.1 函数 astype( )

该函数通常用于将 Pandas 的字符(object)转换为指定的数据类型。

pandas. DataFrame. astype(dtype, copy =True, errors =' raise')

参数

dtype:Numpy 或 Python 类型。

copy:如果 copy =True,则返回一个副本,copy =False 对数组直接操作。

errors:对于提供的 dtype,它控制对无效数据的异常引发。raise 允许引发异常,ignore 忽略异常,coerce 表示强制转换,不能转换的元素会替换为 NaN。

8.3.2 函数 to_numeric( )

该函数将参数 arg 转换为数字类型。

pandas. to_numeric(arg, errors =' raise' , downcast =None)

参数

arg:标量,列表,元组,一维数组或 Series。

errors:对于提供的 dtype,它控制对无效数据的异常引发。raise 允许引发异常,ignore 忽略异常。

downcast:选项为{'integer','signed','unsigned','float'},默认为 None。

返回值：解析成功时为数字(numeric)。返回类型取决于输入。

例 8.5 考虑下述字典列表。

在这个例子中,我们用上述数组生成 DataFrame 数据;然后,再利用检测异常数据的 2 种方法对数组进行检测并找到异常值,最后用数组均值替换异常数据。Python 程序名为 ch8example5.py,其代码如下:

```
import numpy as np
import pandas as pd
print(" ------------数据转换:创建时指定数据类型------------")
data=[[1,'12',120.1,17],[3,'31',5.5,53],[2,'22',12.7,32]]
index=['行1','行2','行3']
columns=['列1','列2','列3','列4']
df=pd.DataFrame(data,index,columns,dtype=np.object)
print(" 查看 DataFrame 数据:\n",df)
print(" 查看 DataFrame 数据类型:\n",df.dtypes)
print(" ------------数据转换:强制类型转换------------")
df[['列1','列2','列3','列4']]=df[['列1','列2','列3','列4']].astype('float')
print(" 查看 DataFrame 数据类型:\n",df.dtypes)
print(" ------------数据转换:利用 to_numeric 函数转换------------")
df=df.apply(pd.to_numeric,errors='coerce')
print(" 查看 DataFrame 数据类型:\n",df.dtypes)
```

8.4　字符串的操作

在采集数据的过程中,特别是从网络采集数据,我们会遇到一些看上去比较杂乱无章的数据。这时我们需要使用 Pandas 中处理字符串的类函数 str 对数据进行整理。接下来我们介绍 str 中可以对 Series 进行字符串处理的函数。

(1)函数 lower()。该函数将 Series 中的字符串转换为小写。

pandas.Series.str.lower()

(2)函数 upper()。该函数将 Series 中的字符串转换为大写。

pandas.Series.str.upper()

(3)函数 capitalize()。该函数将 Series 中的字符串的首字母转换为大写。

pandas. Series. str. capitalize( )

（4）函数 swapcase( )。该函数将 Series 中的字符串字母大小写反转。

pandas. Series. str. swapcase( )

（5）函数 islower( )。该函数将检查 Series 中的每个字符串的所有字符是否小写。

pandas. Series. str. islower( )

返回值：布尔型。

（6）函数 isupper( )。该函数将检查 Series 中的每个字符串的所有字符是否大写。

pandas. Series. str. isupper( )

返回值：布尔型。

（7）函数 isnumeric( )。该函数将检查 Series 中的每个字符串的所有字符是否有数字。

pandas. Series. str. isnumeric( )

返回值：布尔型。

（8）函数 istitle( )。该函数将检查 Series 中的每个字符串的首字母是否为大写。

pandas. Series. str. istitle( )

返回值：布尔型。

（9）函数 len( )。该函数将计算字符串长度。

pandas. Series. str. len( )

（10）函数 strip( )。该函数用于删除字符串左右两边的空格和换行符。

pandas. Series. str. strip( )

（11）函数 lstrip( )。该函数用于删除字符串左边的空格和换行符。

pandas. Series. str. lstrip( )

（12）函数 rstrip( )。该函数用于删除字符串右边的空格和换行符。

pandas. Series. str. rstrip( )

（13）函数 split( )。该函数用给定的模式左边拆分每个字符串。

pandas. Series. str. split(pat =None,n =-1,expand =False)

参数

pat：字符串，要拆分的字符串，如果未指定，则拆分空格。

n：整数型，默认-1；限制输出中的分割数。选项：None,0 和-1。

expand：布尔型，默认为 False；将拆分的字符串展开为单独的列。True 表示返回 DataFrame,False 返回包含字符串列表的 Series。

（14）函数 rsplit( )。该函数用给定的模式右边拆分每个字符串。

pandas. Series. str. rsplit(pat =None,n =-1,expand =False)

参数

pat：字符串，要拆分的字符串，如果未指定，则拆分空格。

n =：整数型，默认-1；限制输出中的分割数。选项：None,0 和-1。

expand：布尔型，默认为 False；将拆分的字符串展开为单独的列。True 表示返回 DataFrame,False 返回包含字符串列表的 Series。

（15）函数 cat( )。该函数用给定的分割符将字符串连接起来。

pandas. Series. str. cat(others =None,sep =None,na_rep =None)

参数

others：列表型，默认为 None,如果为 None 则连接本身的字符串。

sep：字符串，分割符，默认为 None。

na_rep：字符串，默认为 None。如果为 None 缺失值将被忽略。

（16）函数 contains( )。该函数用于查找一个字符串中是否包含待查找的字符串。

pandas. Series. str. contains(pat,case =True,flags =0,na =nan,regex =True)

参数

pat：字符串型，待查找的正则表达式或普通字符串。

case：布尔型，默认为 True。

flags：整数型，默认为 0。

na：默认为 NaN,替换缺失值。

regex：布尔型，默认为 True,表示参数 pat 为正则表达式。False 表示参数 pat 为普通字符串。

返回值：布尔型的 Series 或数组。

（17）函数 replace( )。该函数用于查找一个字符串中是否包含待查找的字符串。

pandas. Series. str. replace(pat,repl,n＝-1,case＝None,flags＝0,regex＝True)

参数

　　pat：字符串型，待查找的正则表达式或普通字符串。

　　repl：要替换进去的字符串。

　　n：整数型，默认为-1。

　　case：布尔型，默认为 True。

　　flags：整数型，默认为 0。

　　regex：布尔型，默认为 True，表示参数 pat 为正则表达式。False 表示参数 pat 为普通字符串。

　　（18）函数 repeat( )。该函数用于将一个字符串中的字符进行重复复制。

pandas. Series. str. repeat(value)

参数

　　value：整数或整数列表，重复复制次数。

　　（19）函数 count( )。该函数用于统计一个字符串中某个字符出现的次数。

pandas. Series. str. count(pat)

参数

　　pat：字符串型，待统计的普通字符串。

　　（20）函数 startwith( )。该函数用于搜索一个字符串头部出现的字符。

pandas. Series. str. startswith(pat,na＝nan)

参数

　　pat：字符串型，要搜索的字符串。

　　na：设置缺失数据，默认为 nan。

　　返回值：布尔型 Series 或数组。

　　（21）函数 endswith( )。该函数用于搜索一个字符串尾部出现的字符。

pandas. Series. str. endswith(pat,na＝nan)

参数

　　pat：字符串型，要搜索的字符串。

　　na：设置缺失数据，默认为 nan。

　　返回值：布尔型 Series 或数组。

　　（22）函数 find( )。该函数用于从左边开始查找一个字符串中是否存在需要查找的子字符串。

```
pandas. Series. str. find(sub,start=0,end=None)
```

参数

sub:字符串型,要搜索的子字符串。

start:整数型,最左侧下标。

end:整数型,最左侧下标,默认为 None。

返回值:由 1 和-1 构成的 Series 或数组。其中 1 表示找到,-1 表示未找到。

(23)函数 findall( )。该函数用于查询一个字符串中是否含有待查询的字符串或正则表达式。

```
pandas. Series. str. findall(pat,flags=0)
```

参数

pat:需要查询的字符串或正则表达式。

flags:整数型,默认等于 0。

返回值:两列,第一列索引,第二列查找到的结果,如果没有满足条件则为空。

接下来,我们通过 3 个例子分别讨论上述 pandas. str 各种子函数在操作 Series 数据中的应用。

例 8. 6 在这个例子中,我们讨论字符串的大小写转换,删除字符串左右的空格等函数的应用。Python 程序名为 ch8example6. py,其代码如下:

```python
import numpy as np
import pandas as pd
print(" -------------字符串转换:字母大小写转换-------------")
s=pd. Series(['X','Y','Z','XaYa','Yaca','ZXYX','fox','cow','12'])
print('打印创建的 Series:',s)
print('字符串的首字母大写:',s. str. capitalize( ))
print('字符串的所有字母小写:',s. str. lower( ))
print('字符串的所有字母大写:',s. str. upper( ))
print('字符串的字母大小写反转:',s. str. swapcase( ))
print('字符串的字母是否都是小写:',s. str. islower( ))
print('字符串的字母是否都是大写:',s. str. isupper( ))
print('字符串中是否含有数字:',s. str. isnumeric( ))
print('字符串的长度:',s. str. len( ))
print(" -------------字符串转换:删除字符串左右的空格-------------")
i=pd. Index([' apple \n',' \npeach',' grape',' \norange','banana \n' ])
print('删除字符串左右两边的空格:',i. str. strip( ))
print('删除字符串左边的空格:',i. str. lstrip( ))
```

```
print('删除字符串左边的空格:',i. str. rstrip( ))
print(" ------------字符串转换:利用 to_numeric 函数转换------------")
data={'硕士课程':['运筹学 3 学分','计算机基础 2 学分','项目管理 4 学分',' Python
编程 3 学分'],
            '课程类别':['数学','计算机','管理','工程']}
df =pd. DataFrame(data)
print( print('打印创建的 DataFrame:',df))
print('将硕士课程拆分成 2 列,课程和学分:\n',df['硕士课程']. str. split('',1,expand
=True))
```

例 8.7 考虑下述字典列表:

在这个例子中,我们讨论字符串的拆分和连接函数,特定字符串查找和替换函数的应用。Python 程序名为 ch8example7. py,其代码如下:

```
import numpy as np
import pandas as pd
print(" ------------字符串的拆分------------")
s =pd. Series(['一_三_五','张_李_王',np. nan,'乡镇_城市_国家'])
print('切分字符串:\n',s. str. split('_'),-1)
print(" ------------字符串的连接------------")
s =pd. Series(['一','三','五','七'])
print('自身的连接:',s. str. cat( sep=','))
s1 =pd. Series(['一','三',np. nan,'七'])
print('自身连接时对缺失值的处理:',s1. str. cat( sep=','))
print('自身连接时对缺失值的处理:',s1. str. cat( sep=',',na_rep='--'))
print('指定列表的连接:\n',s. str. cat(['A','B','C','D'],sep=':'))
print('指定列表连接时对缺失值的处理:\n',s. str. cat(s1,sep=':'))
print('指定列表连接时对缺失值的处理:\n',s. str. cat(s1,sep=':',na_rep='--'))
print(" ------------检查字符串中特定字符串及替换------------")
s2 =pd. Series(['一:','三','五:','七'])
print('查找字符串:\n',s2. str. contains(':'))
s3 =pd. Series(['一个人:','一件事','一双手套:',np. nan])
print('用正则表达式替换字符串:\n',s3. str. replace('一.','二个',regex =True))
print('用字符替换字符串:\n',s3. str. replace('一.','二个',regex =False))
print('用字符替换字符串:\n',s3. str. replace('一','二',regex =False))
s4 =pd. Series(['一','三','五','七'])
print('重复复制字符串:\n',s4. str. repeat(2))
print('重复复制字符串:\n',s4. str. repeat([1,2,2,3]))
```

```
s4 =pd. Series(['一七一','三七三七三','五五','七七七七七'])
print('统计字符串出现的次数:\n',s4. str. count('七'))
```

例 8.8 考虑下述字典列表:

在这个例子中,我们讨论如何用子字符串匹配字符串首尾,子字符串查找的应用。Python 程序名为 ch8example8. py,其代码如下:

```
import numpy as np
import pandas as pd
print(" ------------匹配字符串的首尾------------")
s =pd. Series(['一个人:中国人','一个城市:北京市','一双手套:白色手套',np. nan])
print('匹配字符串开头:\n',s. str. startswith('一'))
s1 =pd. Series(['红色','黑色','紫色',np. nan])
print('匹配字符串结尾:\n',s. str. endswith('色'))
print(" ------------字符串的查找------------")
s2 =pd. Series(['一个人','一串葡萄','一个想法','一个手机号码'])
print('查找子字符串:\n',s2. str. find('个',start =0,end =None))
s3 =pd. Series(['一','二','三','一123','二131','三一二一','一只狗','二只猫'])
print(s3. str. findall('一'))
```

8.5　时序数据处理

当我们进行各种数据分析时,避免不了对时间序列数据的处理。所谓时间序列,是指在一定时间内按时间顺序测量一个或多个变量的取值序列,如在一天内随着时间变化的温度序列,或者在交易时间内不断变化的股票价格和成交量序列。

Pandas 拥有强大的处理时间序列的能力,被广泛应用于数据分析领域。在这一节中,我们将介绍 Pandas 中的时间序列处理方面的内容,主要有日期和时间的数据类型,日期型数据类型的频率和移动,时间序列数据的创建、索引、切片和过滤。

8.5.1　日期和时间的数据类型

我们知道时间序列数据中通常包含日期、时间类型的变量,但比较麻烦的是时间有很多种表达格式,比如对于 2020 年 7 月 5 日,我们可以有下述表达格式:

05/07/2020

2020. 07. 05

July 5 2020

2020/07/05

2020-07-05

为了能够进一步进行数据分析,我们需要将这些时间格式统一。我们可以通过 Pandas 提供的 to_datetime 函数将它们转换成 Pandas 的 datetime 数据类型,这样我们就能够方便地提取各种时间信息。函数 to_datetime 将给定的数据按照指定格式转换成日期格式:

```
pandas. to_datetime( arg,errors =' raise' ,format =None)
```

参数

arg:整数、浮点、字符、日期等类型,也可是列表、元组和 Series。

errors:选项为{' ignore' ,' raise' ,' coerce' },如果为' raise' ,则无效的输入将引发异常,如果为 ' coerce' ,则将无效输入设置为 NaT,如果为 ' ignore' ,则忽略无效的输入,默认为' raise' 。

format:字符型,指定 arg 的格式,注意 format 中年用 Y 表示,月和天用小写的 m 和 d 表示。

返回值:日期时间。返回类型取决于输入,列表输入返回 DatetimeIndex,Series 输入返回 datetime64 dtype Series,标量输入返回时间戳。

例 8.9 在这个例子中,我们讨论日期转换的各种情况,包括忽略转换和强制转换等。Python 程序名为 ch8example9. py,其代码如下:

```
import numpy as np
import pandas as pd
print(" -------------日期的转换-------------" )
print(" 日期的转换:\n" ,pd. to_datetime('05/07/2020 21:30:38' ,format='%d/%m/%Y %H:%M:%S' ))
print(" 日期的转换:\n" ,pd. to_datetime('05/07/2020' ,format ='%d/%m/%Y' ))
df =pd. DataFrame({'year' :[2019,2020],'month' :[7,8],'day' :[5,6]})
print(" 查看数组的类型:\n" ,df. dtypes)
print(" 打印转换后的日期:\n" ,pd. to_datetime( df))
print(" 忽略无效日期的输入:\n" ,pd. to_datetime('11000101' ,format='%Y%m%d' ,errors ='ignore' ))
print(" 强制无效日期的输入为 Nat:\n" ,pd. to_datetime('11000101' ,format='%Y%m%d' ,errors ='coerce' ))
dates =['2020-07-05 9:50:00 PM' ,'July 5,2020 11:30:00' ,'07/05/2020' ,'2020. 07. 05' , '2020/07/05' ,'20200705' ,'日期' ]
```

```
print("各种日期的转换:\n",pd. to_datetime(dates,errors='ignore'))
print("各种日期的转换:\n",pd. to_datetime(dates,errors='coerce'))
```

我们从文本或数据库读入的数据中如果包含日期或时间数据,需要查看它们的类型,如果属于 object 类型,我们可以利用 to_datetime 函数把它们转换成时间类型。

Pandas 提供了非常丰富的查看 datetime 类型数据的函数,日期运算和转换的函数我们可以查看一个数据集中的时间数据包含了哪些年月日,查看任何一个月或年的数据有多少,还能够查看两个时间相差多久并构造出 timedelta 数据类型。

我们来研究 Pandas 在处理时间序列时遇到的 3 个类型——时间戳、时间段和时间间隔。

(1)pandas. Timestamp 类。timestamp(时间戳)数据代表一个时间点,属于 Pandas 的数据类型,它是将值与时间点相关联的最基本的时间序列数据。

pandas. Timestamp(ts_input)

参数

ts_input:为输入参数,可以是日期型、字符型、整数型和浮点型。

(2)pandas. Period 类。period(时间段)表示一个标准的时间段的生成。

pandas. Period(value=None,freq=None)

参数

value:时间戳,说明 period 在时间轴上的位置。

freq:用于指明 period 的长度,默认为 None。

(3)pandas. Timedelta 类。timedelta(时间间隔)表示两个 datetime 类型值之间的差,时间间隔的生成。

pandas. Timedelta(value,unit=None)

参数

value:字符串型,整数型,timedelta 型。

unit:该参数只有当 value 等于整数时,选项为 str{'ns','us','ms','s','m','h','D'},默认为 None。

我们再来讨论这 3 种类型之间的相互转换。我们能够用函数 to_period()将时间戳转换为包含该时间戳的时间段。如果将两个时间戳相减,就能够得到时间间隔。我们也可以通过函数 to_timedelta 来获得时间间隔。通过函数 to_timestamp 可以将时间段转换为时间戳。

例 8.10 在这个例子中,我们讨论日期转换的各种情况,包括忽略转换和强制

转换等。Python 程序名为 ch8example10. py,其代码如下:

```
import numpy as np
import pandas as pd
from datetime import datetime as dt
print(" ------------时间戳,时间段和时间间隔------------")
print(" 直接生成 pandas 的时间戳:\n",pd. Timestamp('05/07/2020 21:30:38'))
t1 =pd. Timestamp(" 2020-7-5 15:36:55")
print(" t1 的类型:",type(t1))
print(" to_datetime 生成时间戳:\n",pd. to_datetime(" 2020-7-5 15:39:15"))
p =pd. Period('2020',freq ='M')
print(" 生成一个以 2020-01 开始,月为频率的时间段 p:\n",p)
print(" 查看时间段类型 p:\n",type(p))
print(" 时间段的加法:\n",pd. Period('2020',freq ='A-DEC') + 1)
print(" 时间段的减法:\n",pd. Period('2020',freq ='A-DEC') -2)
print(" 生成时间间隔输入为字符:\n",pd. Timedelta(' 2 days 2 hours 15 minutes 30
seconds'))
print(" 生成时间间隔输入为整数:\n",pd. Timedelta(6,unit ='h'))
t2 =pd. Timestamp(" 2020-7-6")
print(" 转换为月时间段:\n",t2. to_period('M'))
print(" 转换为日时间段:\n",t2. to_period('D'))
print(" 时间戳相减:\n",pd. Timestamp('2020-7-7 9:36') -pd. Timestamp('2020-7-6 9:
30'))
```

8.5.2　日期的范围、频率以及移动

在许多应用中我们经常会遇到固定频率的情况,比如每日、每周、每月、每 30
分钟、每 60 分钟等。这就要求我们在固定的时候向时间序列中添加新的数据。利
用 Pandas 中关于日期范围、频率和移动的功能,我们能够处理新的数据记录、推断
频率,以及生成固定频率的数据范围。

我们可以利用 Pandas 的日期范围函数 date_range()生成范围,而所谓的频率
是由一个基础频率和一个乘数组成的。基础频率通常用一个字符串别名表示,比
如,"D"表示日历日,"M"表示日历月。最后,对于每个基础频率,都有一个日期偏
移量与之对应,如果频率等于小时,则用"H"表示,其对应的日期偏移量就是小时;
如果频率等于日历日,则"D"表示,其对应的日期偏移量就是日。

函数 pandas. date_range()主要用于生成一个固定频率的日期范围。

```
pandas. date_range(start =None,end =None,periods =None,freq ='D')
```

参数

start：日期开始。

end：日期结束。

periods：固定时期，取值为整数或 None。

freq：日期的频率，默认为"D"。

例 8.11 在这个例子中，我们讨论日期范围生成函数，包括设置日期频率和对应的偏移量。Python 程序名为 ch8example11. py，其代码如下：

```python
import numpy as np
import pandas as pd
from datetime import datetime
print("------------日期范围------------")
print("给定开始到结束的时间戳数组:\n",
    pd. date_range('2020-7-1','2020-7-10'))
print("给定开始到结束的时间戳数组:\n",
    pd. date_range('2020-7-1 13:00:30','2020-7-10'))
print("指定开始,periods 指定时间长度:\n",
    pd. date_range(start='2020-7-1',periods=5))
print("指定终止,periods 指定时间长度:\n",
    pd. date_range(end='2020-7-1',periods=5))
print("------------日期频率------------")
print("指定开始,periods 和频率:\n",
    pd. date_range('2020-7-1',periods=7,freq='30min'))
print("指定开始,periods 和频率:\n",
    pd. date_range('2020-7-1',periods=7,freq='M'))
print("指定开始,periods 和频率:\n",
    pd. date_range('2020-7-1',periods=7,freq='D'))
print("指定开始,periods 和频率:\n",
    pd. date_range('2020-7-1',periods=7,freq='H'))
print("每月最后一个工作日:\n",
    pd. date_range('1/1/2000','12/1/2000',freq='BM'))
print("------------日期偏移量------------")
print("偏移量为 1 小时:\n",
    pd. date_range(start='2020-7-10',periods=5,freq='2H'))
print("偏移量为 1 日:\n",
    pd. date_range(start='2020-7-10',periods=10,freq='2D'))
print("偏移量为 1 月:\n",
```

```
pd. date_range( start =' 2020-7-10' ,periods = 10 ,freq =' 2M' ) )
```

8.5.3 时间序列基础

在本小节中我们讨论 Pandas 时间序列的构造。一个 Pandas 的时间序列是用时间戳作为 Series 数组的索引的结构化数据形式。重要的是这时的 Series 数组索引不是普通的索引,而是所谓 DatetimeIndex,不是以前我们经常用到的 Index。

实际上如果我们把时间戳、时间段和时间间隔放在索引中,就构成了作为索引的时间序列:DatetimeIndex,PeriodIndex 和 TimedeltaIndex,它们都可以作为 Series 和 DataFrame 的索引。在接下来的例子中,我们将主要讨论利用 DatetimeIndex 作为时间序列数据的索引。

我们必须知道,时间序列既可以是定期的也可以是不定期的,可以有固定的时间单位也可以没有固定的时间单位。一个时间序列数据的意义取决于具体的应用场景。由于时间序列只是索引比较特殊的一类 Series,因此常规的索引操作对时间序列是有效的,其特别之处在于对时间序列索引的操作优化。

例 8.12 在这个例子中,我们讨论利用日期索引生成一个时间序列,并说明了对这个时间序列的索引、切片和过滤操作。Python 程序名为 ch8example12. py,其代码如下:

```
import numpy as np
import pandas as pd
from datetime import datetime
print( " ------------时间戳索引的时间序列------------" )
dt =pd. date_range( start ='2020-06-01' ,periods =20 )
print( " 时间戳索引: \n" ,dt)
ts =pd. Series( np. arange( 20) ,index =dt)
print( " 创建时间序列: \n" ,ts)
print( " ------------时间序列的索引------------" )
print( " 获取时间序列的第二个索引: \n" ,ts. index[ 2] )
print( " 获取特定日期的时间序列的值: \n" ,ts[ ' 20200618' ] )
print( " ------------时间序列的切片------------" )
print( " 二个日期之间的切片: \n" ,ts[ ' 6/11/2020' :' 6/18/2019' ] )
print( " 月份的切片: \n" ,ts. loc[ ' 2020-6' ] )
print( " ------------时间序列的过滤------------" )
print( " 过滤给定日期之前的数据: \n" ,ts. truncate( before =' 2020-06-18' ) )
print( " 过滤给定日期之前的数据: \n" ,ts. truncate( after =' 2020-06-18' ) )
```

8.5.4 股票数据的日期处理

股票本身是一种时间序列类型,包括分钟、小时、日、周、月等,我们以股票的数据为例进行时间序列的处理和查看。

例8.13 在这个例子中,我们从 MySQL 数据库读取上交所股票 601318 日行情,将原始时间格式转换为时间类型,并对这个时间序列数据进行索引、切片和过滤操作。Python 程序名为 ch8example13. py,其代码如下:

```
import pymysql
import numpy as np
import pandas as pd
from sqlalchemy import create_engine
print(" -------------通过表名从 MYSQL 数据库读数据-------------")
engine=create_engine('mysql+pymysql://root:a_rkno! 23@ 201958@ localhost:3307/
mydata? charset=utf8')
df=pd. read_sql_table(table_name='sh601318',con=engine)
print(" 上交所股票 601318 日行情数据:\n",df)
print(" 查看数据类型:\n",df. dtypes)
print(" -------------转换日期和数据切片-------------")
df['p_date'] =pd. to_datetime(df['p_date'])
print(" 查看数据类型:\n",df. dtypes)
print(" 查看有哪些年份:\n",df['p_date']. dt. year. unique())
print(" 查看 2019 年的数据:\n",df[df['p_date']. dt. year==2019]. shape)
print(" 查看 2018 年 6 月的数据:\n",df['p_date']. loc["2018-06"])
print(" 过滤指定日期之前的数据:\n",df['p_date']. truncate(before='2015-06-30'))
```

习题

1. 对于一维数组 data=['姓名',False,100]和 index=['第一','第二','第三']:

(1)创建默认 Series 数组后获取 100,打印创建后的数组。

(2)创建以 index 为索引的 Series 数组后获取 False,并打印结果。

(3)对于上述两种情况下的数组,删除 False。

2. 对于下述字典数组:

dict(姓名=['张三','李五','王二','张三','赵六','丁一','王二'],
性别=['男','男','女','男','女','女','男'],
年龄=[29,25,27,29,21,22,27],
收入=[15600,14000,18500,15600,10500,18000,13000],

教育=['本科','本科','硕士','本科','大专','本科','硕士'])

创建一个 DataFrame 数组,并打印创建后的数组。

(1)检测并标记数组中的重复数据,打印标记结果。

(2)按姓名标记(选择 keep='first')重复数据,并打印删除后的结果。

(3)删除按姓名标记的重复数据(keep='first'),打印删除后的结果。

(4)删除按姓名和教育标记的重复数据(keep='last'),打印删除后的结果。

3. 对于下述二维列表

Data=[[1.0,6.6,3.3],[1.2,np.nan,np.nan],[np.nan,np.nan,np.nan],[np.nan,7.5,3.8]]

(1)创建 DataFrame 数组,并打印创建后的数组。

(2)检测数组中的缺失数据,打印含有缺失数据的行。

(3)删除含有缺失数据的行,打印删除后的结果;删除含有缺失数据的列,并打印删除后的结果。

(4)用 0.00 填充缺失数据,并打印填充结果。

(5)分别用前边值和后边值填充缺失数据,并打印填充结果。

4. 对于下述二维列表

Data={'列1':[2,4,1,7,8,77],'列2':[12,34,32,76,55,66]}

(1)创建 DataFrame 数组,并打印创建后的数组。

(2)检测数组中的缺失数据,打印含有缺失数据的行。

(3)删除含有缺失数据的行,打印删除后的结果;删除含有缺失数据的列,并打印删除后的结果。

(4)用 0.00 填充缺失数据,并打印填充结果。

(5)分别用前边值和后边值填充缺失数据,并打印填充结果。

5. 对于数组 Data=[[1,'2'],[3,'a']],columns=['A1','A2'])

(1)创建 DataFrame 数组,并打印创建后数组的数据类型。

(2)利用函数 astype()将数组中的第一列转换为浮点型,打印转换后的结果。

(3)利用函数 to_numeric()将数组中的第二列转换为浮点型,打印转换后的结果。

(4)用强制转换方法将整个数组转换为浮点型数据,并打印填充结果。

6. 利用 pandas.str 类函数,完成对数组中字符串的操作。

(1)对于给定两个字符串数组['一个','二只','三把'],['苹果','狗','水壶'],将它们进行拼接并打印结果。

(2)将字符串数组['一_二_三','1_2_3',np.nan,'壹_贰_叁']进行切分,并打印结果。

(3)统计字符'二'在字符串数组['一','二','三','一二二三','1 二 3', np. nan,'壹贰叁']中出现的次数,并打印结果。

(4)去掉字符串数组[' 张三','李四',' 王五','陈六']中的空格,并打印结果。

(5)用字符"壹"替换字符串数组['一三','二三','三三','三五']中的字符"一",并打印结果。

7. 对于下述日期2020-7-2,2020-7-3,2020-7-4,2020-7-5,2020-7-6,2020-7-7

(1)用 datetime()函数来生成一个时间戳数组,并打印结果。

(2)用 np. random. randn(6)函数,以时间戳数组为索引,通过 Series 创建一个时间序列数组,并打印结果。

(3)查看日期"2020/7/3"对应的值,并打印结果。

(4)只查看日期"2020/7/5"之前的数据,并打印结果。

(5)查看这个时间序列的类型,并打印结果。

8. 利用 pd. date_range 函数

(1)以"2018/1/1"为初始日期生成 30 个月时间序列,并打印结果。

(2)以"2018/1/1"为初始日期生成 10 个以年为单位的时间序列,并打印结果。

(3)以"2020/1/1"为初始日期生成 20 周的时间序列,并打印结果。

(4)以"2020/1/1"为初始日期生成 1 年之内工作日的时间序列,并打印结果。

(5)以"2020/1/1"为初始日期生成 1 年之内每月第三个周五的时间序列,并打印结果。

9. 给定初始日为" 2020-07-01 ",周期为 200,利用 pd. date_range 和 np. random. randn()函数来生成一个时间序列。

(1)查看这个时间序列的数据类型,并打印结果。

(2)查看"2020/12/31"对应的数据值,并打印结果。

(3)查看 2021 年 1 月的所有数据,并打印结果。

(4)查看 2021 的所有数据,并打印结果。

(5)查看"2020/12/1"到"2021/1/31"之间的数据,并打印结果。

(6)查看"2020/11/11"之前的数据,并打印结果。

9 数据可视化

本章提要

1. 在 Python 中，数据的可视化通常通过第三方库来实现。虽然 Python 对多个第三方可视化库提供支持，但 Matplotlib 库是其应用最广泛和最受欢迎的。

2. Tkinter 模块是 Python 默认自带的图像用户界面（GUI），通过它我们可以快速地创建图形界面的桌面应用程序。

3. 熟悉 Tkinter 的主窗口、核心控件及其标准属性的基本概念，掌握 Tkinter 创建主窗口的方法，并能够将控件设置到主窗口上。

4. 能够在 Tkinter 窗口上设计和部署按钮控件 Button、画布控件 Canvas、标签控件 Label、输入控件 Entry、文本控件 Text、单选按钮控件 Radiobutton 和范围控件 Scale。

5. 掌握 Matplotlib 绘图库的基本原理及使用。能够通过 Matplotlib 设计并画出各种简单和复杂的图形，包括柱状图、折线图、散点图、饼图和直方图。

6. 能够运用 Tkinter 和 Matplotlib 相结合的框架进行桌面应用程序的设计和开发。能够使用 FigureCanvasTkAgg 和 NavigationToolbar2Tk 库在 Tkinter 的窗口中添加画布，并能够对画布添加 Matplotlib 的工具栏和按钮键。

7. 能够使用 Matplotlib 的 Figure 库绘制各种图形，能够利用它的 add_subplot 生成一个或多个子图。

9.1 Python 可视化库介绍

在本小节中我们介绍多个用于科学计算和统计目的的 Python 数据可视化的第三方库,它们当中有些只完成特定的任务,也有许多可以用于更广泛的领域。实际上 Python 拥有 20 多种数据可视化库,我们仅仅选取其中的一部分进行介绍,在第三节,我们将重点讨论 Matplotlib 库的使用。

9.1.1 Matplotlib

这些年来,Matplotlib 成为 Python 使用者最常用的绘图库之一,是 Python 可视化程序库的先驱。它的设计和 20 世纪 80 年代的商业化程序语言 MATLAB 非常接近。由于 Matplotlib 是第一个 Python 可视化程序库,我们将会发现许多其他绘图程序库实际上是建立在它的基础上或者是对它的直接调用。比如,Pandas 和 Seaborn 就是 Matplotlib 的外包,它们让你能用更少的代码去调用 Matplotlib 的方法。

9.1.2 Seaborn

作为面向数据集的绘图库,Seaborn 的优势是针对统计绘图的,Seaborn 能够满足数据分析 90% 的绘图需求。复杂的自定义图形,还是要用 Matplotlib。实际上,Seaborn 是在 Matplotlib 基础上进行封装的,Seaborn 就是让困难的东西更加简单。用 Matplotlib 最大的困难是其默认的各种参数,而 Seaborn 则完全避免了这一问题。Seaborn 对包含整个数据集的 DataFrame 和数组进行操作,生成各种统计信息图。

9.1.3 Bokeh

作为 Python 中的可视化工具,Bokeh 是基于所谓图形语法的概念,我们能够利用它来创建交互式的网站图表。我们也可以非常方便地将结果输出到 JSON 格式文件、HTML 或其他交互式 Web 应用程序。Bokeh 能够制作的图像,包括柱状图、盒状图、直方图、饼图、伞点图和各种多边形图。

9.1.4 Pygal

与 Bokeh 一样,Pygal 库提供可以直接嵌入浏览器中的可交互图像;而与 Bokeh 的主要区别在于它可以将图表输出 SVG 格式。SVG 格式是可缩放的矢量图形。它是基于 XML,由 W3C 联盟提供的一种开放标准的矢量图形语言,具有高分辨率的 Web 图形页面。用户可以直接用代码来描绘图像,可以用任何文字处理工具打开 SVG 图像,通过改变部分代码来使图像具有交互功能,并可以随时插入 HTML 中通过浏览器观看。

9.1.5　Plotly

Plotly 是一个非常强大的开源数据可视化框三方库,与 Bokeh 一样致力于通过构建基于浏览器显示的可交互图表展示信息,可创建数十种精美的图表。Plotly 的特点在于它提供其他绘图工具很难实现的几种图表类型,比如等值线图、漏斗图、树形图和三维图表。Plotly 具有动态、美观、易用、种类丰富等特性。

9.1.6　Geoplotlib

Geoplotlib 是 Python 的一个用于地理数据可视化和绘制地图的三方库,我们可以用它来制作多种地图,比如等值区域图、热度图、点密度图。Geoplotlib 提供了一个原始数据和可视化库之间的基本接口。由于大部分 Python 的可视化工具不提供地图,所以 Geoplotlib 作为一个专职画地图的工具也给可视化的使用者提供了方便。

9.1.7　Gleam

我们可以利用 Gleam 在 Python 中构建数据的交互式并生成可视化的网络应用。Gleam 的优势在于使用者无需具备 HTM、CSS 和 JavaScript 方面的知识。Gleam 适用于任何 Python 数据可视化库。创建绘图程序后,我们可以在它上面添加字段,并可以对数据进行筛选和排序。

9.1.8　Leather

Leather 是一种学习起来非常容易而且用户界面非常友好的可视化软件。初学者能够快速掌握编程原理。Leather 能够读取各种数据类型,并可以用这些数据生成 SVG 图像。由于 Leather 针对一些探索性图表进行了优化,这样当我们需要调整图像大小的时候不会损害图像的质量。

9.2　Python 的可视化模块 Tkinter

Tkinter 模块是 Python 默认的图像用户界面(GUI)的接口,通过它我们能够使用 Python 进行桌面窗口视窗设计,可以快速地创建图形界面的应用程序。由于 Tkinter 内置到 Python 的安装包中,所以使用者不需要另外安装模块,在安装好

Python 之后,在程序中直接使用 from tkinter import * 即可。

我们知道所谓 GUI 界面,也就是一个图像的窗口,我们可以用 GUI 实现很多直观的功能,比如想开发一个用户登录界面。为了突出用户体验,开发一个图像化的小窗口,在很多情况下是非常有必要的。

Python 的 Tkinter 界面库非常简单,选择 Tkinter 是因为:一是最简单;二是自带库,不需下载安装,可随时使用;三是从需求出发,Python 作为一种脚本语言,一般不会用它来开发复杂的桌面应用,我们通常把 Python 作为一个灵活的工具,而不是作为主要开发语言,那么在一些场合中,需要制作一个小工具,肯定是需要有界面的,在这种需求下,Tkinter 能够满足需要。

9.2.1 创建主窗口

如果我们要设计一个界面,首先要创建一个主窗口,就像画家绘画一样,先要准备好画板,然后才能在上面放画纸和各种绘画材料,创建好主窗口才能在上面放置各种控件元素。利用 Tkinter 模块创建主窗口的方法为:

```
win =tkinter. Tk( )
```

win 是一个主窗口对象,通过它,我们可以修改框体的名字:

```
win. title('窗口的标题')
```

指定窗口大小:

```
win. geometry('250x150')
```

退出主窗口:

```
win. quit( )
```

刷新主窗口:

```
win. update( )
```

更改窗口大小:

```
win. sesizable(True,True)
```

不允许更改窗口大小:

```
win. sesizable(0,0)
```

进入消息循环:

```
win. mainloop( )
```

9.2.2 核心控件

Tkinter 提供如按钮、标签和文本框等控件,我们在图形界面的应用程序中可以使用这些控件。目前 Tkinter 支持 15 种基本控件。在表 9.1 中我们列出这些部件并做简短的介绍。

表 9.1　Tkinter 支持的控件

序号	控件名	简介
1	Button	按钮控件,在程序中显示按钮
2	Canvas	画布控件,可以在其中绘制图形
3	Checkbutton	多选框控件,在程序中提供多项选择框
4	Entry	输入控件,显示简单的文本内容
5	Text	文本控件,显示多行文本
6	Frame	框架控件,在屏幕上显示一个矩形区域,多用来作为容器
7	Label	标签控件,可以显示文字或图片
8	Listbox	列表框控件,显示一个字符串列表
9	Menu	菜单控件,显示菜单栏,下拉菜单和弹出菜单
10	Menubutton	菜单按钮控件,显示菜单项
11	Message	消息控件,显示多行文本,与 Label 类似
12	Radiobutton	单选框,单选按钮控件,显示一个单选的按钮状态
13	Scale	范围控件,显示一个数值刻度,为输出限定范围的数字区间
14	Scrollbar	滚动条控件,当内容超过可视化区域时使用,如列表框
15	Toplevel	容器控件,用来提供一个单独的对话框,和 Frame 类似

需要注意的是,Tkinter 的所有控件都需要附在窗口界面上,或者说,主窗口是所有控件依附的基础。如果程序中没有指定控件依附的窗口,将默认依附到主窗口中,如果程序中还没有定义窗口,那么系统将自动创建一个窗口。

9.2.3 标准属性

Tkinter 的标准属性是对所有控件都有效的共同属性,常规属性包括大小、字体和颜色等。表 9.2 给出了这些属性。

表9.2　Tkinter 的标准属性

属性	描述
Dimension	控件大小
Color	控件颜色
Font	控件字体
Anchor	锚点
Relief	控件样式
Bitmap	位图
Cursor	光标

例9.1　在这个例子中,我们介绍创建一个主窗口的基本步骤。首先需要导入 Tkinter 包,然后创建窗体对象,并设置窗体的大小(宽×高)和位置(x,y),最后设置事件循环,使窗体一直保持显示状态。我们还介绍 Label 控件的创建和使用,Python 程序名为 ch9example1. py,其代码如下:

```
import numpy as np
from tkinter import *
print(" ------------创建一个窗口-------------" )
win =tkinter. Tk( )
win. title('ch9example1 的窗口')
win. geometry('500x500+100+100')
l =tkinter. Label(win,text='我们进入 ch9example1 的窗口当中',font='宋体',fg='red',
width=30,height=2)
l. pack(side =LEFT)
win. mainloop( )
```

9.2.4　常用控件

接下来,我们介绍部分常用控件,我们将讨论标签控件 Label 的使用,按钮控件 Button 及对应事件处理、Entry 窗口控件、Text 窗口控件、Radiobutton 窗口控件、Scale 窗口控件和 Canvas 画布控件的使用,更多关于其他控件的使用大家可以参考 Tkinter 的官方网站。

9.2.4.1　标签控件 Label

这个控件用于在指定的窗口中显示文本和图像,是由背景和前景叠加构成的内容,它的基本用法是:

Label(根对象,[属性列表])

参数

　　根对象:文本框控件的父容器,就是要显示的窗口。

　　属性列表:由属性和属性值构成的键值对,用逗号隔开。有两大类:

　　(1)定义背景属性。内容区属性有 width,length,用于指定区域大小,background 用于指定背景的颜色。填充区属性指的是内容区和边框之间的间隔大小,单位是像素。属性有 padx 和 pady,属性值类型是整数。边框属性有样式 relief(可选值为 flat,sunken,raised,groove,ridge),borderwidth 为边框的宽度,单位是像素。

　　(2)定义前景属性。文本内容属性有:

　　指定字体和字体大小,font=font_name,size,默认由系统指定。

　　文本对齐方式,justify="center/left/right/"。

　　指定文本颜色,foreground="指定的颜色",可以是英文名字,也可以是 RGB 格式。

　　指定文本内容,text="目标字符串…"。

9.2.4.2　Entry 控件

　　Entry 是 Tkinter 类中提供的一个单行文本输入域,用来输入显示一行文本。该控件允许用户输入或显示一行文字。如果用户输入的文字长度大于 Entry 控件的可显示范围,文字会向后滚动。这种情况下所输入的字符串无法全部显示,可以通过移动光标,将不可见的文字部分移入可见区域。

Entry(根对象,[属性列表])

参数

　　根对象:表示按钮将建立的窗口。

　　属性列表,属性如下:

　　bg,设置背景颜色。

　　fg,设置前景颜色。

　　font,设置字体类型与大小。

　　show,定义显示输入控件的内容。

　　width,定义输入控件的宽度,单位是字符。

9.2.4.3　Text 控件

　　Text 文本控件用于显示和处理多行文本。在 Tkinter 的所有控件中,Text 控件相对灵活,它适用于处理多种任务,虽然该控件的目的是显示多行文本,但还可以编辑文字、显示图片,甚至是网页。它还常常作为简单的文本编辑器和网页浏览器使用。

    Text(根对象,[属性列表])

参数

    根对象:表示按钮将建立的窗口。

    属性列表,属性如下:

    bg,设置背景颜色。

    fg,设置前景颜色。

    font,设置字体类型与大小。

    height,文本控件的高度,默认是 24 行。

    width,定义输入控件的宽度,单位是字符。

    例 9.2   在这个例子中,我们分别介绍如何设计 Label 控件、Entry 控件和 Text 控件,并将它们放到一个窗体中。Python 程序名为 ch9example2. py,其代码如下:

```python
import numpy as np
import _tkinter
import tkinter
from tkinter import *
win =tkinter. Tk( )
win. title('ch9example2 的窗口')
win. geometry('500x500+100+100')
print(" ------------添加 lable 控件------------")
l =tkinter. Label(win,height =5,width =30,padx =10,pady =20,
                background =" black",relief =" ridge",
                borderwidth =10,
                        text =" 我们进入 ch9example1 的窗口当中",
        font =' 宋体',fg =' red',justify =" right",
                foreground =" red",underline =4,anchor =" ne"
                )
l. pack(side =LEFT)
print(" ------------添加 Entry 控件------------")
e1 =tkinter. Entry(win,show =' * ',font =(' Arial',14),bg =" yellow")   #显示成密文形式
e2 =tkinter. Entry(win,show =None,font =(' Arial',14),bg =" blue")    # 显示成明文形式
e1. pack( )
e2. pack( )
print(" ------------添加 Entry 控件------------")
t =tkinter. Text(win,width =30,height =22,bg =" red")
```

```
t. pack( )
t. insert( tkinter. INSERT, str)
win. mainloop( )
```

9.2.4.4　按钮控件 Button

Button(按钮)控件是一个标准的 Tkinter 窗口部件,用来实现各种按钮。按钮能够包含文本或图像,并且使用者还能够将按钮与一个 Python 函数或方法相关联。当这个按钮被按下时,Tkinter 自动调用相关联的函数或方法。

按钮仅能显示一种字体,但是这个文本可以跨行。另外,这个文本中的一个字母可以有下划线,例如标明一个快捷键。默认情况,Tab 键用于将焦点移动到一个按钮部件中。

它的语法格式为:

Button(根对象,[属性列表])

参数

根对象:表示按钮将建立的窗口。

属性列表,属性如下:

command,当按钮被点击时,调用事件处理函数。

text,设置按钮上的文字。

height,设置按钮高度。

width,设置按钮宽度。

state,设置按钮状态,可选的有 NORMAL,ACTIVE, DISABLED,默认为 NORMAL。

bg,按钮的背景颜色。

fg,按钮的前景颜色(按钮文本的颜色)。

9.2.4.5　Radiobutton 控件

Radiobutton 控件也被称为单选按钮,功能是实现多选一,从多个待选项中选择一个。单选按钮的提示信息可以是文字或者图像,单选按钮的外观也有多种样式。单选按钮只能使用一种字体,可以对其中的一个字符设置下划线,用来表示快捷键。

Radiobutton(根对象,[属性列表])

参数

根对象:表示按钮将建立的窗口。

属性列表,属性如下:

command,当按钮被点击时,调用事件处理函数。回调函数,当单选按钮被点击时,执行该函数。

anchor,控制文本或者图片如何摆放。可以使用的数值有:N,NE,E,SE,S,SW,W,NW,CENTER,默认为 CENTER。

height,设置按钮高度。

width,设置按钮宽度。

font,文本字体。

bg,单选按钮的背景颜色。

fg,单选按钮的前景颜色。

text,提示文本。

variable 变量为 1 或 0,代表选或不选。

9.2.4.6　Scale 控件

Scale 控件主要通过滑块表示数字的范围。我们可以通过设置最小值和最大值,使得滚动的滑条取值在最大值和最小值之间。典型使用情形是输入一个特定范围内的数值时,比如气温。

Scale(根对象,[属性列表])

参数

根对象:表示按钮将建立的窗口。

属性列表,属性如下:

width,定义 Scale 的宽度,默认值是 15。

digits,Scale 的数值。

orient,设置 Scale 的方向,可以是 VERTICAL 或者是 HORIZONAL。

length,Scale 的长度。

font,文本字体。

bg,Scale 的背景颜色。

fg,Scale 的前景颜色。

label,提示文本。

Variable,Scale 关联的变量。

from,起始数值,默认值是 0。

to,最大值或者结束值,默认是 100。

command,关联的函数,当按钮被点击时,执行该函数。

例 9.3　在这个例子中,我们将分别介绍如何在一个窗体中放置一个按钮、三个单选按钮和一个 Scale,然后分别通过点击对应按钮激活相应函数并弹出一个新的界面。Python 程序名为 ch9example3.py,其代码如下:

```
import _tkinter
import tkinter
#import matplotlib. pyplot as plt
import numpy as np
from tkinter import *
win =tkinter. Tk( )
win. title('ch9example3 的窗口')
win. geometry('500x500+100+100')
print(" -------------在窗体中添加按钮-------------")
s =' \n\n 调用 ch9example3 按钮函数 mClick( )'
def mClick( ):
    label1 =tkinter. Label(win,text =s,font =' 黑体' ,fg =' red' ,width =120)
    label1. pack( )
btn =tkinter. Button(win,heigh =2,width =18,text =' ch9example3 的按钮' ,
            fg =' black' ,command =mClick)
btn. pack( )
print(" -------------添加单选按钮-------------")
def data( ):
    print(r. get( ))
r =tkinter. IntVar( )
radio1 =tkinter. Radiobutton(win,text =' 橙色' ,bg =' orange' ,variable =r,
        value =0,anchor =tkinter. S+tkinter. W,command =data)
radio1. pack(expand =True)
radio2 =tkinter. Radiobutton(win,text =' 蓝色' ,bg =' blue' ,variable =r,
        value =1,anchor =tkinter. S+tkinter. W,command =data)
radio2. pack(expand =True)
radio3 =tkinter. Radiobutton(win,text =' 黄色' ,bg =' yellow' ,variable =r,
        value =2,anchor =tkinter. S+tkinter. W,command =data)
radio3. pack(expand =True)
print(" ------------添加滑动条-------------")
def test(value):
    print(" 滑块的值为:",value)# 显示当前的滑块坐标值
v =StringVar( )
sc =Scale(from_ =10,to =50,length =200,tickinterval =5,orient =HORIZONTAL,
                variable =v,command =test)
sc. pack( )
win. mainloop( )
```

9.2.4.7　画布控件 Canvas

画布控件是用来绘图的。我们可以将图形、文本、小部件或框架放置在画布上。它可用于复杂图形界面布局。画布控件是图画的载体,它的语法格式为:

Canvas(根对象,[属性列表])

参数

根对象:表示将画布放置在哪一个窗口内。

属性列表,属性如下:

bd,画布的边框宽度,单位是像素。

bg,画布的背景颜色。

confine,画布在翻滚区域外是否可以滚动,默认值为 True。

cursor,画布中的鼠标指针。

height,画布高度。

highlightco,画布的背景颜色。

relief,画布的边框样式。

width,画布的宽度。

我们可以在 Canvas 上画图,可以在上面画些什么和怎么实现呢? 我们可以在 Canvas 中绘制直线、矩形、椭圆等各种几何图形,也可绘制图片、文字、UI 组件等。

create_arc():绘制圆弧。

create_oval():绘制椭圆。

create_line():绘制直线。

create_rectangle():绘制矩形。

create_bitmap():绘制位图。

create_polygon():绘制多边形。

create_image():绘制位图图像。

create_window():绘制子窗口。

create_text():文字对象。

例 9.4　在这个例子中,我们介绍如何设计一个画布并放在一个窗体中;然后在画布上绘制圆弧、椭圆和矩形。Python 程序名为 ch9example4. py,其代码如下:

```
import _tkinter
import tkinter
import numpy as np
from tkinter import *
print(" -------------在窗体中添加按钮-------------")
```

```
win =tkinter. Tk( )
win. title( ' ch9example1 的窗口' )
win. geometry( ' 600x600+200+200' )
cv =Canvas( win ,width =700 ,height =500 ,bg =' green' )
cv. create_arc( ( 10 ,10 ,250 ,250 ) ,start =0 ,extent =90 ,fill =' red' ,outline =' blue' ,width =3 )
cv. create_rectangle( 10 ,10 ,110 ,110 ,fill =' red' ,dash =10 ,outline =' yellow' )
cv. create_line( 580 ,165 ,518 ,190 ,fill =" black" )
cv. create_oval( 150 ,150 ,300 ,300 ,outline =' black' ,stipple =' gray12' ,fill =' red' )
cv. pack( )
win. mainloop( )
```

9.3　Matplotlib 绘图库

Matplotlib 是基于 Python 语言的开源项目,是 Python 的一个数据绘图库。在本章的第一节中我们介绍了 Python 的三方绘图库,虽然有许多选择,但 Matplotlib 被公认为是最基本的数据可视化工具,它是一个二维绘图库,我们通过 Matplotlib 可以设计并画出各种简单和复杂的图形,包括柱状图、折线图、散点图、饼图和直方图。

我们通过函数调用就可绘制这些图形,Python 中的函数式编程是通过封装对象实现的。Matplotlib 中的函数式调用其实也是封装了对象。函数式编程将构建对象的过程封装在函数中,从而让我们感觉很方便。

Matplotlib 通过 pyplot 类进行绘图函数调用,我们介绍其支持的主要绘图函数。每一个 pyplot 函数都能画出一幅图像,例如,创建一个图框,创建一个绘图区域,在绘图区域中添加一条线等。在 Matplotlib 的 pyplot 类中,各种状态通过函数调用保存起来,以便于我们随时跟踪像当前图像和绘图区域这样的东西。接下来我们介绍 pyplot 类中一些主要的绘图函数。

9.3.1　函数 plot( )

该函数用于在二维坐标系中绘制直线或曲线。

matplotlib. pyplot. plot(x ,y ,' zzz' ,label ,linewidth)

参数

x:位置参数,点的横坐标。

y:位置参数,点的纵坐标。

zzz:参数的三部分,分别表示点线的颜色、点的形状、线的形状。点线的颜色:g
表示绿色,b 表示蓝色,c 表示蓝绿色,m 表示品红色。点的形状:. 表示点,v 表示
实心倒三角,o 表示实心圆,∗ 表示实心五角星,+表示加号。线的形状:-表示实
线,--表示虚线, -. 表示点划线。

label:关键字参数,设置图例。

linewidth:关键字参数,设置线的粗细。

例 9.5 在这个例子中,我们介绍如何利用 Matplotlib 的 pyplot 类的 plot( ) 函
数绘制直线和曲线,然后添加标题和坐标信息,保存绘制图形。Python 程序名为
ch9example5. py,其代码如下:

```python
from matplotlib. pyplot import ∗
import matplotlib. pyplot as plt
import numpy as np
from matplotlib. font_manager import FontProperties
font_set =FontProperties( fname =r" c:\windows\fonts\simsun. ttc" ,size =12)
print(" -------------产生绘图数据-------------" )
x =np. arange( 0,2∗np. pi,0. 02)
y =np. sin( x)
y1 =np. sin( 2∗x)
y2 =np. sin( 3∗x)
ym1 =np. ma. masked_where( y1>0. 5,y1)
ym2 =np. ma. masked_where( y2<-0. 5,y2)
print(" -------------绘图-------------" )
plot( x,y,x,ym1,x,ym2,' o' )
plot( [0,-1],[5,1])
print(" -------------添加绘图标签-------------" )
title(" ch9example6 的绘图" ,fontproperties =font_set)
xlabel(' x 坐标' ,fontproperties =font_set)
ylabel(" y 坐标" ,fontproperties =font_set)
print(" -------------把绘图存为文件-------------" )
savefig(" E:\pachong\kangy\ch9example5. jpg" )
```

9.3.2 函数 bar( )

该函数用于绘制柱状图,程序每次调用 bar( ) 函数时都会生成一组柱状图,如
果希望生成多组柱状图,则可通过多次调用 bar( ) 函数来实现。

matplotlib. pyplot. bar(left,height,alpha=1,width=0. 8,color,edgecolor,label,lw=3)

参数

left:x 轴的位置序列,一般采用 range 函数产生一个序列,但也可以是一个字符串。

height:y 轴的数值序列,也就是柱状图的高度,就是我们需要展示的数据。

alpha:透明度,值越小越透明,默认为 1。

width:柱状图的宽度,默认为 0. 8。

color:柱状图填充的颜色。

edgecolor:图形边框颜色。

label:每个图形代表的含义。

lw:边缘或线的宽。

例 9.6　在这个例子中,我们介绍如何利用 Matplotlib 的 pyplot 类的 bar( ) 函数绘制柱状图。我们对 x 轴的位置分别用序列和字符串实现绘制图形。Python 程序名为 ch9example6. py,其代码如下:

```python
from matplotlib. pyplot import  *
import matplotlib. pyplot as plt
import numpy as np
from matplotlib. font_manager import FontProperties
font_set =FontProperties( fname =r" c:/windows/fonts/simsun. ttc" ,size =12)
print(" -------------产生绘图数据-------------" )
print(" ------------绘图------------" )
y =range(1,11)
plt. bar(np. arange(10) ,y,alpha =0. 5,width =0. 3,color =' red' ,edgecolor =' blue' ,label=' one' ,lw =3)
plt. bar(np. arange(10) +0. 4,y,alpha =0. 2,width =0. 3,color =' magenta' ,edgecolor =' cyan' ,label =' Two' ,lw =3)
plt. legend(loc =' upper left' )
plt. show( )
print(" ------------添加绘图标签------------" )
w =[' c' ,' a' ,' d' ,' b' ]
z =[5,6,7,8]
plt. bar(w,z,alpha =0. 5,width =0. 3,color =' red' ,edgecolor =' yellow' ,label =' one' ,lw =3)
plt. legend(loc =' upper left' )
plt. show( )
```

```
print(" ------------把绘图存为文件------------")
savefig("E:/pachong/kangy/ch9example6. jpg")
```

9.3.3 函数 hist()

该函数用于绘制直方图,如果纵轴用频数就获得频数直方图,如果用频率就获得频率直方图。

```
(n,bins,patches)=
matplotlib. pyplot. hist(x,bins=None,range=None,density=None,color)
```

参数

x:n 为序列或数组。

bins:划分间隔,可以采用一个整数来指定间隔,然后程序将根据间隔的数量来确定每一个间隔的范围,默认为整数 10,也可以通过列表来直接指定间隔的范围。

range:在一定范围内进行分割,并通过指定 bins 整数来确定间隔。

density:布尔变量,用于选择直方图的类型,默认为 false,画频数直方图。

color:用于设置颜色。

例 9.7 在这个例子中,我们介绍如何利用 Matplotlib 的 pyplot 类的 hist() 函数绘制频数直方图和频率直方图。我们对 x 轴的位置分别用整数和列表实现绘制图形。Python 程序名为 ch9example7. py,其代码如下:

```
from matplotlib. pyplot import *
import matplotlib. pyplot as plt
import numpy as np
from matplotlib. font_manager import FontProperties
font_set=FontProperties(fname=r"c:\windows\fonts\simsun. ttc",size=12)
print(" ------------默认参数绘直方图------------")
data=np. random. normal(0,1,10000)
n,bins,patches=plt. hist(data)
plt. show()
print(" ------------指定间隔绘直方图------------")
n,bins,patches=plt. hist(data,60)
plt. show()
print(" ------------指定列表绘直方图------------")
n,bins,patches=plt. hist(data,[-5,-3,-2,0,1,3,5])
plt. show()
print(" ------------指定列表和范围绘直方图------------")
```

```
n,bins,patches =plt. hist(data,20,(-5,5))
plt. show()
print(" -------------指定列表和范围绘频率直方图-------------")
n,bins,patches =plt. hist(data,20,(-5,5),density =True)
plt. show()
print(" -------------设置直方图颜色-------------")
n,bins,patches =plt. hist(data,20,(-5,5),density =True,color =' red')
plt. show()
```

9.3.4　函数 pie( )

该函数用于绘制饼图,饼图通过将一个圆饼按照分类的占比划分成多个区块,整个圆饼代表数据的总量,每个区块表示该分类占总体的比例大小,所有区块的加和等于 100%。

```
matplotlib. pyplot. pie(x,explode,labels,colors,autopct,shadow)
```

参数

x:用于计算的数据。

explode:分离饼状图,突出强调某一部分,默认为 None。

labels:每块饼图的名称,默认为 None。

color:设置每一部分的颜色,默认为自动填充。

autopct:显示各部分的比例,默认为 None。

shadow:阴影,增加立体感,默认为 False。

例 9.8　在这个例子中,我们介绍如何利用 Matplotlib 的 pyplot 类的 pie( )函数绘制各种饼图,包括突出饼图其中的一部分,添加标签,设置颜色,显示比例,增加阴影。Python 程序名为 ch9example8. py,其代码如下:

```
from matplotlib. pyplot import  *
import matplotlib. pyplot as plt
import numpy as np
from matplotlib. font_manager import FontProperties
font_set =FontProperties(fname =r" c :\windows\fonts\simsun. ttc",size =12)
print(" -------------默认参数绘饼图-------------")
data =[10,20,30,15,25]
plt. pie(x =data)
plt. show()
print(" -------------突出饼图的一部分-------------")
```

```
E=[0,0,0.2,0,0]
plt. pie(x=data,explode=E)
plt. show( )
print(" ------------给饼图添加标签------------" )
L=['A','B','C','D','E']
plt. pie(x=data,explode=E,labels=L)
plt. show( )
print(" ------------给饼图设置颜色------------" )
C=['red','gray','yellow','blue','green']
plt. pie(x=data,explode=E,labels=L,colors=C)
plt. show( )
print(" ------------显示饼图比例------------" )
plt. pie(x=data,explode=E,labels=L,colors=C,autopct='%1.2f%%' )
plt. show( )
print(" ------------给饼图增加阴影------------" )
plt. pie(x=data,explode=E,labels=L,colors=C,autopct='%1.2f%%',
                        shadow=True)
plt. show( )
```

9.3.5　函数 scatter( )

该函数用于绘制散点图。散点图被广泛用于表示变量之间的关系以及一个变量的变化对另一个变量的影响。

```
scatter(x,y,s,c,marker,alpha,edgecolors)
```

参数

x:数据数组,x 轴上的数据。

y:数据数组,y 轴上的数据,与 x 长度相同。

s:点的大小,可以是标量,表示将所有点设置为同一大小,也可以是与 x 或 y 长度相同的数组,表示为每一个点设置的大小,默认为 None。

c:表示点的颜色,可以为单一颜色,也可以是与 x 或 y 长度相同的颜色列表,默认为 None。

marker:表示点的形状,默认为 None。

alpha:表示点的透明度,默认为 None。

edgecolor:表示点边框颜色,默认为 None。

例 9.9　在这个例子中,我们介绍如何利用 Matplotlib 的 pyplot 类的 scatter( )函数绘制各种散点图,包括使用默认参数的散点图,设置参数的散点图,两个数据

集的散点图,给出平面坐标的散点图。Python 程序名为 ch9example9. py,其代码如下:

```
from matplotlib. pyplot import *
import matplotlib. pyplot as plt
import numpy as np
from matplotlib. font_manager import FontProperties
font_set =FontProperties(fname =r" c:\windows\fonts\simsun. ttc" ,size =12)
print(" ------------默认参数绘散点图------------" )
x =[5,7,8,7,2,17,2,9,3,11,12,9,6]
y =[99,86,87,88,100,86,103,87,93,78,77,85,86]
plt. scatter(x,y)
plt. show( )
print(" ------------加入参数绘制散点图------------" )
x =np. random. rand(60)
y =np. random. rand(60)
C =np. random. rand(60)
A =(30 * np. random. rand(60)) ** 2
plt. scatter(x,y,s =A,c =C,marker =" ^" ,alpha =0. 6)
plt. show( )
print(" ------------两个数据集的散点图------------" )
x1 =[89,53,36,36,95,10,66,33,38,20]
y1 =[21,36,3,35,67,95,53,72,58,10]
x2 =[26,29,38,66,6,5,36,66,72,30]
y2 =[26,31,90,33,38,20,56,2,57,15]
plt. scatter(x1,y1,c =" pink" ,s =50,
            linewidths =2,
                  marker =" s" ,
                  edgecolor =" blue" )
plt. scatter(x2,y2,c =" red" ,s =200,
                   linewidths =2,
                  marker =" o" ,
                  edgecolor =" black" )
plt. xlabel(" X-axis" )
plt. ylabel(" Y-axis" )
plt. show( )
print(" ------------显示散点图坐标------------" )
```

```
x_coords = [0. 13,0. 22,0. 39,0. 59,0. 68,0. 76,0. 93]
y_coords = [0. 75,0. 31,0. 55,0. 52,0. 80,0. 25,0. 55]
plt. scatter(x_coords,y_coords,marker = " x" ,s = 50)
for x,y in zip(x_coords,y_coords) :
    plt. annotate(
        '(%s,%s)' %(x,y),
        xy = (x,y),
        xytext = (0,-10),
        textcoords = ' offset points' ,
        ha = ' center' ,
        va = ' top' )
plt. xlim([0,1])
plt. ylim([0,1])
plt. show()
```

9. 4　Tkinter 与 Matplotlib 的集成

由于 Tkinter 库本身自带的绘图效果不是很理想,而 Matplotlib 库具有非常理想的绘图功能,所以,在许多实际应用中,我们利用 Matplotlib 绘制图形,并将它显示到 Tkinter 已有的画布中。将 Matplotlib 与 Tkinter 结合是可以做出比较强大的桌面程序的,如何进行两个包的集成是这一小节的主要内容。一般来说,将 Tkinter 与 Matplotlib 结合在一起,是进行数据可视化的最好选择之一。

为了将 Matplotlib 绘制的图形内嵌到 Tkinter 上,我们需要在 Tkinter 的窗口中创建一个放置 Matplotlib 图形的画布控件,然后利用 Matplotlib 库的绘图函数在画布对象上绘图,对于绘图以外的其他附加功能,我们可以使用 Tkinter 控件来实现。我们将发现 Tkinter 与 Matplotlib 结合的整体框架是相对固定的,我们只需要关心绘图逻辑和程序逻辑即可。

为了实现上述 Tkinter 与 Matplotlib 结合框架,我们需要用到下述三个 Python库。我们将介绍它们是如何使用的。

9. 4. 1　库 FigureCanvasTkAgg

这个库把 Matplotlib 绘制的图形显示到 Tkinter 窗口上,即完成图像与 Tkinter的集成。FigureCanvasXAgg 就是执行绘图动作,使物体显示在屏幕上。在 Python程序中,如果需要使用该库,我们需要导入:

```
from matplotlib. backends. backend_tkagg import FigureCanvasTkAgg
```

为了将绘制的图形(用 f 表示)显示到 Tkinter 上,我们需要在 Tkinter 的窗口(用 w 表示)创建一个画布(用 C 表示),然后将图形 f 放到画布 C 上。

```
C =FigureCanvasTkAgg(f,master =w)
C. draw( )
C. get_tk_widget( ). pack( )
```

9.4.2　库 NavigationToolbar2Tk

该库能把 Matplotlib 的导航工具栏显示到由 FigureCanvasXAgg 创建的画布上。在 Python 程序中,需要导入:

```
from matplotlib. backends. backend_tkagg import NavigationToolbar2Tk
```

然后,利用下述语句,就可以将 Matplotlib 的导航工具栏显示在画布 C 上。

```
T =NavigationToolbar2Tk( canvas,root)
T. update( )
C. _tkcanvas. pack( )
```

我们完成了 Tkinter 与 Matplotlib 相结合的集成框架,接下来我们介绍 Matplotlib 的 Figure 库。

9.4.3　库 Figure

该类属于 Matplotlib 的一个子类,可用于绘制图形。

```
Figure( num,figsize,dpi,facecolor,edgecolor,frameon)
```

参数

　　num:图像编号或名称,数字为编号,字符串为名称,默认为 None。

　　figsize:指定 figure 的宽和高,单位为英寸。

　　dpi:指定绘图对象的分辨率,即每英寸多少像素,默认为 None,这时缺省值为 80 英寸。

　　facecolor:背景颜色,默认为 None。

　　edgecolor:边框颜色,默认为 None。

　　frameon:布尔型,表示是否显示边框,默认为 True。

　　Figure 类有一个用来添加子图的函数:

```
add_subplot( nrows,ncols,index)
```

参数

nrows：划分子图的行。

ncols：划分子图的列。

index：通过该参数来指定子图。

比如，add_subplot(2,3,5)划分了 6 个子图，因为 index = 5，这里就指定了第二行第二列的子图。

例 9.10 在这个例子中，我们实现将 Tkinter 与 Matplotlib 相结合。利用 Matplotlib 的 Figure 类绘制图形，然后将图像显示到 Tkinter 上。Python 程序名为 ch9example10. py，其代码如下：

```
import _tkinter
import tkinter
import numpy as np
from tkinter import *
import matplotlib
matplotlib. use('TkAgg')
from matplotlib. backends. backend_tkagg import FigureCanvasTkAgg
from matplotlib. backends. backend_tkagg import NavigationToolbar2TkAgg
from matplotlib. figure import Figure
print("-------------设置 tkinter 的窗口-------------")
win =tkinter. Tk()
win. title('ch9example10 的窗口')
win. geometry('700x700+200+200')
print("-------------生成绘图数据-------------")
x =np. linspace(0,2 * np. pi,100)
y1 =np. sin(x)
y2 =np. cos(x)
print("-------------利用 Figure 类绘制图形-------------")
f =Figure(figsize =(5,4),dpi =100)
a =f. add_subplot(111)
a. plot(x,y1)
a. plot(x,y2)
print("-------------win 上创建画布并将图 f 布置在画布上-------------")
cv =FigureCanvasTkAgg(f,master =win)
cv. draw()
cv. get_tk_widget(). pack(side =tkinter. TOP,
             fill =tkinter. BOTH,
```

```
                expand =tkinter. YES)
print(" -------------在画布上添加工具栏-------------")
toolbar =NavigationToolbar2TkAgg(cv,win)
toolbar. update()
cv. _tkcanvas. pack(side =tkinter. TOP,# get_tk_widget()得到的就是_tkcanvas
                fill =tkinter. BOTH,
                expand =tkinter. YES)
win. mainloop()
```

这个例子实际上提供了一个如何在 Tkinter 的窗口上生成画布和添加 Matplotlib 工具栏的基本框架。我们只要关注 Figure 类的绘图部分就可以了。下面的例子提供更加丰富的绘图技术。

例 9.11　在这个例子中,我们将在 Tkinter 上添加按钮并绑定响应的鼠标函数,利用 Matplotlib 的 Figure 类绘制多个图形,然后将它们显示到 Tkinter 上。Python 程序名为 ch9example11. py,其代码如下:

```
import _tkinter
import tkinter
import numpy as np
from tkinter import *
import matplotlib
matplotlib. use('TkAgg')
from matplotlib. backends. backend_tkagg import FigureCanvasTkAgg
from matplotlib. backends. backend_tkagg import NavigationToolbar2TkAgg
from matplotlib. figure import Figure
print(" -------------设置 tkinter 的窗口-------------")
win =tkinter. Tk()
win. title('ch9example11 的窗口')
win. geometry('700x700+200+200')
print(" -------------生成绘图数据-------------")
x =np. linspace(0,2 * np. pi,100)
y1 =np. sin(x)
y2 =np. cos(x)
print(" -------------利用 Figure 类绘制图形-------------")
f =Figure(figsize =(5,4),dpi =100,facecolor =" red",edgecolor =' yellow',frameon =
True)
a1 =f. add_subplot(221)
a1. plot(x,y1,color =" r",linestyle =" --")
```

```
a2 =f. add_subplot(222)
a2. plot(x,y2,color=" y",linestyle=" -")
a3 =f. add_subplot(223)
a3. plot(x,y2,color=" g",linestyle=" -. ")
a4 =f. add_subplot(224)
a4. plot(x,y1,color=" b",linestyle=" :")
print(" -------------win 上创建画布并将图 f 布置在画布上-------------")
cv =FigureCanvasTkAgg(f,master=win)
cv. draw()
cv. get_tk_widget(). pack(side=tkinter. TOP,
                          fill=tkinter. BOTH,
                          expand=tkinter. YES)
print(" -------------在画布上添加工具栏-------------")
toolbar =NavigationToolbar2TkAgg(cv,win)
toolbar. update()
cv. _tkcanvas. pack(side=tkinter. TOP,# get_tk_widget()得到的就是_tkcanvas
                   fill=tkinter. BOTH,
                   expand=tkinter. YES)
print(" -------------在画布上添加按钮-------------")
def _quit():
    win. quit()
    win. destroy()
button=tkinter. Button(master=win,text=' 退出',command =_quit)
button. pack(side=tkinter. BOTTOM)
win. mainloop()
```

习题

1. 根据下述条件,利用 Tkinter 实例化一个窗口对象。

(1)设置窗口标题。

(2)指定主框体大小为 600×500。

(3)进入消息循环。

(4)关闭窗口。

2. 根据下面的要求,设计一个 Label 控件,并将其布置到 Tkinter 的窗口中。

(1)设置高度为 5,宽度为 20,背景颜色为 blue。

(2)显示文本内容为:"这是第九章习题 2 的 Label 控件"。

(3)设置前景颜色为 white。

（4）设置字体为微软雅黑。

（5）设置填充区参数 padx 为 10,pady 为 20。

3. 在 Tkinter 的窗口中创建一个 width=30,height=8 的文本控件。

（1）利用 insert( )对文本控件插入一段文字文本。

（2）利用 image_create( )对文本控件插入一张图片。

（3）利用 mark_set( )对插入到文本控件中的文字文本进行标记。

（4）利用 tag_add( )对插入到文本控件中文字文本设置标签,并用 tag_config( )函数设置这些标签的属性(提示:如 bg='yellow')。

4. 按照下述条件在 Tkinter 的窗口上设计按钮。

（1）创建 text=“确定”,前景颜色为红色的按钮,command 为 po_k( )函数。

（2）创建 text=“取消”,前景颜色为橙色的按钮,command 为 p_cancel( )函数。

（3）将 p_ok( )函数设计成一个打印函数,内容为“确定按钮被点击”。

（4）将 p_cancel( )函数设计成一个打印函数,内容为“取消按钮被点击”。

5. 为了设计一个登录界面,我们需要将 Label 控件、Entry 控件与 Button 控件三者相结合。

（1）在 Tkinter 上定义一个 400×300 的窗口作为登录界面。

（2）定义三个标签,分别为姓、名和国籍。

（3）利用 Entry 控件定义它们的存放位置。

（4）将姓“张”,名“三五”,国籍“中国”插入上述三个 Entry 控件中。

（5）定义两个 Button 控件,其 text 分别为“显示”和“退出”。

（6）设置“显示”按钮关联窗口的 show 函数,并将“退出”按钮关联 quit 函数。

（7）所有上述控件应当布置在 2×2 的网格(grid)上。

6. 设计一个 Scale 控件,要求起始坐标点为 10,终止坐标值为 50,长度为 200个像素,分度为 5,水平显示,并满足:

（1）窗口大小为 300×200。

（2）属性 command 关联的函数为 test。

（3）设计 test 函数满足:滑动时显示当前的滑块坐标值,用它重新设置字体大小并将字体格式改为宋体。

（4）在 Scale 控件下放置一个 Label 控件。

（5）当滑动块移动时,Label 控件中的文本字体大小随着滑动块变化。

7. 假设 college=[("经济",1),("管理",2),("金融",3),("会计",4),("税务",5)]:

（1）用上面数组来初始化一个 Radiobutton 控件。

（2）我们设定属性 command 的关联函数为 select。

（3）在关联函数 select 中添加 Label 控件，显示那个被选中的选项。

8. 在窗口大小为 300×300 上完成：

（1）设计一个背景颜色为白色、宽 200、高 200 的画布。

（2）给定平面坐标 x0 = 10,y0 = 10,x1 = 100,y1 = 100,在上述画布中画椭圆并填充红色。

（3）给定平面上 3 个点 x0 = 10,y0 = 100,x1 = 10,y1 = 100,x2 = 100,y2 = 100,在画布中画一个三角形,线的颜色用蓝色,三角形内填充橙色。

（4）在椭圆左侧标上汉字"椭圆"。

（5）在三角形左侧标上汉字"三角形"。

9. 给定两个一维数组 X = ['A' ,'B' ,'C' ,'D' ,'E' ,'F' ,'G' ,'H'] 和 Y = [28, 35,53,16,11,17,17,10]：

（1）利用 pyplot 绘制柱状图。

（2）为每个柱形添加文本标注。

（3）显示图形。

（4）利用数据 X = ['A' ,'B' ,'C' ,'D'] ,Y1 = [10,15,16,28] ,Y2 = [10,12,18, 26] ,画并列柱状图。

（5）利用数据 4,画堆叠柱状图。

10. 给定下述年份 X、数据 Y1 和 Y2

X = ['2011' ,'2012' ,'2013' ,'2014' ,'2015' ,'2016' ,'2017']

Y1 = [58000,60200,63000,71000,84000,90500,107000]

Y2 = [52000,54200,51500,58300,56800,59500,62700]

（1）指定折线的颜色分别为红色和蓝色。

（2）指定折线的宽度分别为 3 和 5。

（3）指定折线的样式分别为实线和虚线。

（4）利用 pyplot 绘制两条折线图。

（5）为图形设置字体为宋体的标题。

（6）通过 legend( ) 函数为每条折线添加图例。

11. 利用 Numpy 的 random 函数生成两组数据

X = np. random. randn(N)   Y = np. random. randn(N)

（1）指定 N = 1000,生成数据。

（2）指定散点图的形状为">",绘制图形。

（3）指定散点图的颜色为 color = ['r' ,'y' ,'k' ,'g' ,'m'] ,绘制图形。

（4）指定散点图的边界宽度为 1000,绘制图形。

（5）指定散点图的透明度为 0. 5,绘制图形。

(6)指定散点图边框的颜色为粉红色,绘制图形。

12. 给定数据 X=[10,40,30,10]:

(1)绘制基本饼图。

(2)给定分离参数:[0,0,0.2,0],绘制图形。

(3)给定标签参数:['管理','经济','金融','会计'],绘制图形。

(4)给定颜色参数:['red','gray','yellow','blue'],绘制图形。

(5)给定显示各部分比例的参数:'%1.2f%%',绘制图形。

(6)为了增加立体感,绘制有阴影的饼图。

13. 生成以均值为0,方差为1的高斯分布数据:

D=np. random. normal(0,1,N)

(1)设置 N=10000,绘制基本直方图。

(2)指定间隔数为60,绘制直方图。

(3)给定[-3,3]的范围,分20个间隔绘制直方图。

(4)在给定间隔:[-3,-2,-1,0,1,2,3]上绘制直方图。

(5)绘制频率直方图。

(6)通过 color 参数给直方图设置黑色。

14. 给定数据 x=np. arange(0,100),分别计算:y1=x,y2=x * x,y3=sqrt(x),y4=log(x),然后:

(1)创建一个 Figure 对象。

(2)添加第一个子图,并利用 x,y1 画图。

(3)添加第二个子图,并利用 x,y2 画图。

(4)添加第三个子图,并利用 x,y3 画图。

(5)添加第四个子图,并利用 x,y4 画图。

(6)创建一个名称为 window 的 Tkinter 窗口。

(7)在 window 窗口创建画布,并添加 matplotlib 工具栏。

(8)在 window 窗口添加一个退出按钮。

(9)设计一个响应鼠标退出函数并将其关联到退出按钮。